U0853768

阅

阅读成就思想……

Read to Achieve

COGNITIVE (INTERNET OF) THINGS

Collaboration to Optimize Action

万物赋能

撬动认知物联网的未来

[美]阿尔温德·赛西(Arvind Sathi)/著

周毅/译

中国人民大学出版社

·北京·

图书在版编目（CIP）数据

万物赋能：撬动认知物联网的未来 /（美）阿尔温德·赛西（Arvind Sathi）著；周毅译 .—北京：中国人民大学出版社，2018.9

ISBN 978-7-300-25910-9

Ⅰ.①万… Ⅱ.①阿… ②周… Ⅲ.①互联网络—应用—研究②智能技术—应用—研究 Ⅳ.① TP393.4 ② TP18

中国版本图书馆 CIP 数据核字（2018）第 127071 号

万物赋能：撬动认知物联网的未来
［美］阿尔温德·赛西（Arvind Sathi） 著
周 毅 译
Wanwu Funeng：Qiaodong Renzhi Wulianwang de Weilai

出版发行	中国人民大学出版社		
社　　址	北京中关村大街 31 号	**邮政编码**	100080
电　　话	010-62511242（总编室）		010-62511770（质管部）
	010-82501766（邮购部）		010-62514148（门市部）
	010-62515195（发行公司）		010-62515275（盗版举报）
网　　址	http：//www.crup.com.cn		
	http：//www.ttrnet.com（人大教研网）		
经　　销	新华书店		
印　　刷	天津中印联印务有限公司		
规　　格	170mm×230mm　16 开本	**版　次**	2018 年 9 月第 1 版
印　　张	12.75　插页　1	**印　次**	2018 年 9 月第 1 次印刷
字　　数	165 000	**定　价**	59.00 元

译者序

我们的生活正在悄无声息地发生着重大改变。不经意间，人们开始习惯与冰冷的机器进行对话，仿佛机器不再冷血，环境不再冷漠，周围的一切都变成了“精灵”——可以告诉你“秘密”的精灵。物联网的出现，颠覆了人们对世界的认知，曾经毫无生命的物体，突然之间可以倾听你的心声，感受你的脉搏，揣摩你的意图，理解你的喜怒哀乐……一直以来，人类以独有的认知能力而感到骄傲，如今，我们更希望世间万物都能继承这份骄傲，集感知、思考、推理、决策于一身，让周围的世界动起来，让数据的高铁跑起来，让我们也能聆听大自然的声音，与自然友好地交流，畅快地互动……这一切不再是梦，认知物联网正在为我们演绎一部真实的“科幻大片”。

智能是我们追求的目标，智慧是我们渴望的境界，让物联网智能化并最终迈向智慧化是人类一直努力的方向。在不断前行的物联网之路上，认知能力是一把披荆斩棘的利剑，“认知体”就是剑的灵魂，它可以为物联网保驾护航，指明方向，以确保其不被海量的数据风暴吞噬。

本书作者阿尔温德·赛西以生活中的平凡趣事为抓手，以最前沿的认知物联网为依托，将最晦涩难懂的技术细节融入到最普通的生活案例之中。在作者娓娓道来的小故事里，认知物联网的价值、技术、应用等体现得淋漓尽致，这让我们不得不感叹，未来的世界将是多么美好，又是多么令人不可思议。阿尔温德以独特的视角来呈现认知物联网技术，这让很多不具备专业知识的读者不再望而却步，毕竟认知物联网不只属于科学家和工程师，它更属于全人类。我们都希望去了解未来的世界是怎样的，到底是什么在改变人与万物之间的关系，又到底是什么能让我们可以与万物进行“对话”。

本书的关键看点在于，作者并没有使用大量专业性很强的内容来阐述认知物联网的原理和技术，而是通过更贴近于生活的点点滴滴和生动案例，很自然地引出“认知体”的概念，进而讨论认知体如何与万物进行协作，如何与人类进行交互。在诸如客户服务、家居安保、快递分发、健康监护、汽车保养、产品销售等生活用例中，却隐藏着大数据分析、边缘计算、自主学习、分布式智能、区块链、认知决策等先进技术。认知物联网是社会和科技飞速发展的一种新兴产物，对认知物联网的研究和应用仍处于探索阶段，物联网的认知也必将带来“智能”向“智慧”的跨越，我们同时也需要意识到机遇与挑战并存，认知物联网对未来的影响必定是深远的。

阿尔温德在分布式人工智能领域所积累的多年科研经验，正是本书成功的关键所在。译者尽其所能展现原文的精彩内容，唯恐不能完全重现作者的深层思想，在翻译过程中难免存在纰漏，欢迎广大读者批评指正。

前言　认知时代的来临

我常常为自己积极的生活和均衡的饮食而感到自豪。然而，由于我长时间坐在电脑前，旁边的厨房储物柜里又有很多美味的点心，我的肚子越来越大。我的女儿是一名内科医生，她十分担心我的健康状况。觉察到这些情况，她便问我是不是大幅减少了日常锻炼，我不慌不忙地给她介绍了我的常规运动方式。可惜她对我的回答并不满意，还将Fitbit[①]智能运动手环作为圣诞礼物送给了我。我戴了 Fitbit 一周之后，她就嘲讽我确实缺乏锻炼。

虽然锻炼是一件非常私人的活动，但它却被我们的社交网络深刻地影响着。人们曾经需要花很多时间结识能一起锻炼的朋友，但是这个人际网络具有十分典型的局限性，那就是人们只能结识一些附近的人。健身追踪器将这个概念扩展到了更广泛的社会网络，或者利用互联网的连接将这个网络提升到了世界级的广度。朋友和家庭成员之间可以互相观察各自的运动方式，还能互相分享并进行点评。健身追踪器结合了五种性能来构建协同锻炼的行为。

---

① Fitbit 是美国旧金山的一家高科技公司。2007 年，Fitbit 创始人 Eric 和 James 发现传感器和无线科技可以为健康与健身领域带来更加绝妙的体验，他们创造出改变我们运动方式的可穿戴设备，如智能手环。——译者注

1. 追踪器利用传感器从我身上自动收集事件数据。只要我戴着 Fitbit 智能运动手环，它就会收集数据。通过这种方式收集的数据相当准确，操作起来也非常方便。甚至我 93 岁的老父亲都能使用 Fitbit 智能运动手环来收集自己的运动数据。
2. 追踪器本身是一个很小的通过蓝牙连接的低功耗设备。充一次电可以使用很长一段时间，每次电量即将耗尽之时都会给出温馨提示。追踪器通过网关将数据汇聚到中央存储器。
3. 中央存储器核对关于我个人和我的社交网络的各项数据。它有能力存储原始数据，随着时间汇总各项数据，并将其与我所属的社会群体进行比较，把结果传递到我的社交网络中。我们每一个人也许有形形色色的社交网络。它不仅为我提供和我熟识之人的信息，而且还能提供关于他们朋友的信息，这样就给了我结识新的健身伙伴的机会。
4. 通过检测分享的健身数据，我的社交网络能够在健身中与我协作，接着通过评论来鼓励我坚持锻炼。Fitbit 智能运动手环为我们提供了表情符号（喝彩和嘲讽）来共享运动数据。在以上例子中，我女儿使用了嘲讽这个表情符号来评论我的运动数据，并通过短信发给了我。
5. 我能使用由这个软件提供的基于医学和健身活动的专业咨询服务。安德玛 APP 监控着我的锻炼、体重、消耗的卡路里、心率和饮食习惯，并通过 IBM 公司的沃森（IBM Watson）[①] 为我提供专家建议。

这个信息必然能分享给我的主诊医师，他利用这些信息监控我的健康状况；也可能分享给我的健康保险提供者，有了这些信息，他能在我选择有益的生活保险时提供折扣优惠；还可能分享给体育营销人员，他们能利用这些数据向我投放运动鞋广告。因为许多雇主非常重视职员的健康，因此对购买 Fitbit 的职员，他们会进行金钱补贴。由此可见，健身追踪器正让协同锻炼和健康监控这些行为变成可能。通过这些举措，物联网中的认知体促进了许

---

① IBM Watson 是认知计算系统的杰出代表，也是一个技术平台。认知计算代表一种全新的计算模式，它包含信息分析、自然语言处理和机器学习领域的大量技术创新，能够助力决策者从大量非结构化数据中进行认知。——译者注

许多多的信息处理活动，比如传感、数据分享、对比、校正、理解、建议和提示，这些活动能实现并支持相关的人际协作以优化行动。

物联网代表着设备日益复杂化。物联网设备包括移动电话、冰箱、汽车、健身追踪器、手表、电子书、自动售货机、停车计时器等，而且这些设备的数量将会在未来数年呈指数级增长。这些设备不仅能收集和传播大量它们自身的数据，还能通过不断增多的智能应用校对、理解和获取这些数据。

仅仅将一个设备连接到互联网并不能产生协作行为。这本书的核心主题是在物联网中鉴别认知行为。认知物联网使用了一种新的计算模式——认知计算，利用互联网的力量和设备里可采集的数据，开发出新的协作机会，从而创建出此前从未想象过的崭新应用程序。

本章是对本书主要内容的概述。本书引入了“认知体”这一概念，并且讨论了设备的作用域，还介绍了认知计算的概念，揭示了不同的潜在读者和每个角色重点关注的领域。

什么是认知体以及它们是如何运作的

我们即将经历一个事物相互关联大规模爆发的时代。麦肯锡公司的一份报告预测，利用好以下九种环境，到 2025 年每年可产生 4 万亿到 11 万亿美元的商业影响：工厂（比如预防性维护）、城市、人类（比如改善健康状况）、零售、户外（比如自动驾驶汽车）、工作地点、车辆、家庭和办公。还有许多其他预测都给出了它们关于物联网的定义，预计影响都在万亿美元以上。

物联网是如何衍生出如此大的商业影响的？我用一个例子来解释物联网

在打破市场和商业的固有模式上的深远影响。《商业周刊》(*Business Week*)曾预测在2025年愿意出高价的客户将体验到无人驾驶汽车，到2030年，无人驾驶技术将取代出租车和共享汽车。无人驾驶汽车利用数量庞大的传感器来收集自身和道路的信息，但这个全自动汽车远不是集成接入互联网的传感器这么简单。它确实在替代驾驶者！随着自动换挡、巡航控制、车道自动监测和自动停车技术的发展，我们看到许多汽车正在逐渐利用这些数据以各种各样的方式来展示各项功能，但这些功能最早都是驾驶者负责操作的。我们将会看到能对驾驶汽车做出一系列认知决策的技术日益成熟，而不再需要询问驾驶者这些问题。未来，潜在的乘车人可以使用无人驾驶汽车的出租车服务将他们从A点载到B点，而不需要购买汽车，这样会降低对公共停车场的需求，还能使汽车更高速地行驶。这些改变将会对汽车保险业、汽车经销商、出租车运营、租车行业和公共交通产生深远的影响。除此之外，这些都能轻松转化为之前麦肯锡公司预测的11.1万亿美元的商业影响，在市场中占有相当可观的份额。

根据IBM公司高级副总裁约翰·E.凯利三世(John E Kelly III)博士的观点，认知是计算机应用的第三个时代。第一个时代是始于19世纪后期的制表，推进了详细的全国人口普查的进程并建立了美国的社会保障制度。第二个时代是始于20世纪40年代的编程计算，开启了从空间探索到互联网的一切。认知系统与这些发展截然不同，因为认知系统从人与数据之间的交互中实现学习，从而不断自我完善。因此认知系统永远不会过时，它们只会随着时间的流逝变得越来越聪明，越来越有价值。在计算机应用史上，认知是最重要的模式转变。

让我用自己的一次经历来描述一下认知体。当我和来自各行各业的人讨论我在本书中提到的概念时，我得到了许多有趣的回应，从对这些概念难以置信的态度到和我分享个人经历，形形色色。接下来这个故事是阿贝莱奇

Abletech公司的首席执行官丹·阿伯克龙比（Dan Abercrombie）告诉我的，它是关于丹与在大阪大学研发出来的机器人之间的人际互动。虽然他描述的很多特征听起来十分具有未来感，但是在不久的将来，机器人在酒店、会议、音乐会和体育赛事中提供礼宾服务的现象将会非常普遍。这些机器人服务将会展现出一系列认知能力，包括以下几个方面：

- 自然语言理解；
- 情境对话；
- 面部识别；
- 情境记忆和回忆；
- 组织、产品和人的知识。

我那时正在国际半导体展览的展厅里参观，看到了富士金公司展位的广告横幅。该公司的一名主管人员——铃木先生（化名），是一位资深的业内人士，也是我的朋友。我正好还有一点时间，便决定去和铃木先生打个招呼。于是我走向展位，询问（我能说流利的日文）其中一名展位工作人员（人），铃木先生那天是否在展会现场。令我吃惊的是，离我右手边几米的位置传来一个声音（用日语说的）："您想找铃木先生吗？他之前一直在这里，几分钟前刚离开。"我转过身，看到一位坐在椅子上戴着麦克风、打扮得像达·芬奇的尊贵绅士。走近了仔细一看，原来这位"达·芬奇"是一个栩栩如生的机器人，顿时让我感到有些心惊。

从最初的震惊中恢复过来之后，我走到机器人面前，它热切地用英语和我打招呼，同时对繁忙拥挤的展位发表了几句评论，还告诉我铃木先生很快就会回来。很明显那个机器人识别出了我白种人的外表，于是决定要用英语和我交谈。此时我对"达·芬奇"的自以为是稍微有一点生气（它怎么知道我不是法国人呢？），便决定捉弄它一下。我开始和它用日语对话，我说："很抱歉，但是我忘了怎么说英文。""达·芬奇"毫不犹豫地用浓厚的大阪方言回答道："哈哈哈，我已经忘了我的意大利语！您的日语说得很好！"

它的回答让我猝不及防。在不到三十秒的交互中，机器人无意中听到了我最初的问题，非常恰当地回答了这个问题，并比附近五六个工作人员回答得更快，它根据我的外貌对我们交谈的语言做出选择，也能根据要求转换语言，与此同时还和我自然地开了一个玩笑。我和机器人又调侃了几分钟后便离开了。大约五个小时之后，我在四处闲逛中又一次路过富士金的展位，再一次碰到了"达·芬奇"，我刚走过去，"达·芬奇"就叫住了我，告诉我（用日语）："噢，您回来了，铃木先生在那边。"铃木先生听到有人在叫他的名字，吃惊地转过头来，看到了我。我们简短地交谈了几句，互相送上祝福。由于"达·芬奇"一直对我们的对话发表评论，因此我们俩大笑了好几次，但是却感到十分紧张。我们俩都觉得有义务对"达·芬奇"礼貌一些，还向它解释我们是业务上的老相识以及其他一些事情。但是对于"达·芬奇"参与我们的对话，我或多或少感觉有些不舒服，于是简短并诚挚地问候过铃木先生，我便再次离开了。我敏锐地意识到一个事实——和会思考的机器打交道将会变成我今后的日常工作。

在这个事件中，机器人执行了以下几个所描述的认知功能——识别人物、交谈、幽默地应用对话、在随后的对话中回忆情景、意识到环境和他人的存在。在第 9 章中，我将会详细介绍这些认知功能，以及它们如何与认知体一起被运用到人际对话中。

认知计算是什么以及它如何与人工智能和专家系统相关联？一个认知系统可以大规模地学习，有目的地推理，自然地与人类互动。认知计算指的是能学习复杂任务、通过自然接口与人类交互，并通过与个人或团体的合作自主做出决策和行动的自动代理。它代表着一个崭新的计算系统时代，实现了真正的人类–机器合作。在这个合作中，系统能理解人类用自然语言描绘的高水平目标，能在该领域中通过数据的自主学习如何达成这些目标，能将结果汇报给人类，能通过连续对话重复这些交互过程直到达成目标。为了实现人类和机器的自然交互，认知计算系统将图片和话语识别当作机器的眼睛和耳朵，去了解这个世界，方便它们和人类进行无缝交互。这个系统提供了一个供机器和人类互相学习互相教授的反馈循环。通过使用视觉分析和数据可视化技术，认知计算机能以视觉上引人注目的方式展现数据，这样可以启发人们并帮助他们根据这些数据做出决策。认知计算系统会随着时间的推移越来越完善，因为它们在不断地构建知识，学习某个领域——这个领域的语言、术语、程序和它首选的交互方式。专家系统往往需要由人类专家硬编码到系统中的规则，认知计算机则和以往的专家系统截然不同，它能处理自然语言和非结构化数据，还能根据经验进行学习，这种方式和人类的行为有许多相似之处。认知计算机将会有深层次的专业知识，能在健康护理、金融和客户服务领域中扮演决策支持系统，帮助人们基于最佳可用数据做出更好的决策，而不是将人类专家取而代之。

IBM 公司在认知领域的探索始于超级电脑——沃森，它的第一个重大成就是利用电脑程序一举战胜了来自美国最受欢迎的智力问答电视节目《危险边缘》（*Jeopardy*）中的人类专家。值得一提的是，这是一个伟大的成就，《危险边缘》这档节目实际上代表着一个相对简单的认知活动，就好比一个以答案的形式进行表述的单一问题，它要求在非结构化内容中进行搜索来寻找答案，之后再以问题的形式还原。大部分的认知任务都要复杂得多，在许多情况下是极度困难的，如果可能的话，需要复制人类的功能。认知体倾向于体现选择性认知功能，如论证或在一些简单的案例中替代人类活动。格雷迪·布奇（Grady Booch）是众所周知的《统一建模语言用户指南》（*The Unified Modeling Language User Guide*）的合著者，现在在 IBM 工作，曾经在 IBM 研究院的一次报告中介绍了他对具身认知的定义：

想象一下在物质世界中释放沃森。让它拥有眼睛、耳朵和触觉，然后是四肢和一张脸，以便它能够在这个世界中获得行动能力，这些不仅仅是一种力量的表现，也是一种影响力。这就是具身认识：将沃森的认知能力置于机器人中，或者置于一个化身中，或者置于你手上的一个物件中，甚至可以置于手术室、会议室或航天飞船的墙上，我们利用沃森的能力来理解、推论或近距离观察人们自然的工作和生活方式。通过这些方式，我们增强了个人的感官敏锐度和能力。沃森能看到患者完整的医疗状况，感受到供应链的流动，或者像音乐大师指挥管弦乐团那样运营一家工厂。

那么汽车如何利用认知计算获得改变？驾驶汽车是一项认知活动。如果驾驶员打瞌睡或受伤，大脑则会停止运转数量众多的认知活动，但是其中每一个认知活动都对汽车本身和驾驶员至关重要。驾驶员利用视觉识别静止的障碍物、其他运动的物体以及弯曲的道路。除此之外，驾驶员还能通过转向、刹车和加速这一系列的动作来控制汽车的移动情况。驾驶员还能随时注意油耗和设备故障（例如爆胎），从而做出决策。在一个典型的无人驾驶汽车中，驾驶员可以睡觉，可以是残疾人，还能观看电影或者召开会议，因为这辆车提供了一个驾驶员所需的所有认知功能来控制汽车。此外，汽车所收集的数据能用于预测设备故障、改善汽车整体状况，这些数据还能分享给城市规划师，他们能利用这些数据优化道路的交通流。在这个案例中，无人驾驶汽车及其一系列传感器能自动收集数据。每个传感器借助汽车的能源运行，而且它们收集的这些数据能与汽车的其他部件共享。另外，第二代车载诊断系统（OBDII）端口还能提供访问数据的外部通道。有了 OBDII 端口、蓝牙或 Wi-Fi 无线局域网技术的帮助，现在这些数据能与不计其数的机构共享，包括汽车生产商、零件供应商、汽车服务的基础设施、保险公司、城市规划师等。

表 I-1 比较了两个时代的认知操作，旨在显示计算机从自动化时代步入认知时代的发展进程。认知操作借助循证推理，并致力于在大量信息内部找到新的见解和关联。它们改变了人类和系统的互动方式。自动化时代的注入技术面向大规模数据传输，注重将数据提取、转换和加载到目标平台。然而步入认知时代之后，关注点在于它们观察、识别和鉴别的能力。在无人驾驶汽车的案例中，汽车必须识别移动的物体，尤其是那些非常可能与汽车相撞的物体。此外，汽车还必须能感应出发生故障的车轮或崎岖的地形，并将其与常规条件区分开来。认知时代的信息处理方式让计算机技术转向解决问题的独特模式，例如合成解决方案——一种自动化时代的计算能力，相比基于静态决策树选择一项解决方案，合成解决方案则是一个更加棘手的问题。目前驾驶员已经能接触到其中相关的一些规划活动，例如根据不断变化的路况动态变更路线。最后一点，随着共情和协商能力的增强，代理交互将更加人性化。在变换车道时，无人驾驶汽车是否会给另外一辆车让路？或者在一场无法避免的交通事故中如何才能减少损伤程度——选择拯救生命而撞上另一辆没有搭载乘客的无人驾驶汽车？

表 I-1　认知操作

功能	自动化时代	认知时代
代理互动	呈现事实，提出问题，检索响应，提供帮助，默认设置	共情，交谈，转换场景，逆向，协商，消除歧义，细化，改变决策，讨论和解决问题
解决方案发展	计算，应用数据，利用决策树，汇总，检索关键词，分类，选择，删除，插入，合并	分析（影响、灵敏度），推论，设计解决方案（合成、配置、推断、发现），过滤，聚焦，学习（归纳、演绎、深度、基于知识的），情境相关搜索，决策，规划，调度，诊断，理解，提取
事件注入	提取，转换，加载，流媒体	感应，观察，倾听，抓取，辨认，鉴别，重新配置

表 I–1 呈现了许多认知操作。正如人类的认知能力，认知体并不需要展现出所有的操作来通过“认知”考试。那么机器会有认知智商吗？这是一个探索认知领域的旅程，而且它需要耗费几十年的时间使认知体在生产系统中展现出其中大部分的操作并不断发展成熟。如今的竞争点在于找到能提供最大商业价值的有效信息，并利用它们开启这趟探索之旅。本书之后的例子会告诉我们在这场竞争中获得成功的关键：其一是在人和机器之间取得平衡，以便在短期内获得最优结果；其二是根据它们的商业价值和适当性决定在之后的阶段增加额外的操作能力。

本书大纲

在书籍和媒体中，我们已经看到了许多十分具有未来感的例子，比如智能冰箱和咖啡机，以及它们如何简化我们的日常生活。我们对认知体的期望是什么，它有可能普及到哪种程度呢？当然，我们似乎已经习惯了很多不那么智能的机器，它们越来越自动化，能够协助我们完成每天的日常活动。在认知时代，一个已经实现智能化的家庭可能拥有智能电视、智能冰箱、智能洗碗机、智能手机、智能汽车等设备。在自动化时代，这些设备主要用来十分机械化地自动完成任务。随着这些机器变得越来越智能，它们必须按照我们的期望学会如何听从、推理、认知和改变等技能。每一个这样的设备都必须设置程序，并训练它们像人类一样处理事务。我是喜欢清晨喝咖啡，还是喜欢在早上十点左右喝咖啡呢？我喝咖啡时加奶油和糖吗？如果我每次都得训练这台机器，才能做到在客人到访的时候，咖啡机会改变日常工作时间，等到客人离开之后它又恢复之前的规律。那么作为一个消费者，这台咖啡机对我来说又有什么价值呢？为什么我还要使用“智能”这个特色功能，而且为这个功能额外花费了一笔钱？有没有认知咖啡机的商业用例，它能感应到我的偏好同时还能自动设置，这种机器在未来真的可行吗？

本书分析了认知体，涵盖了许多重要的问题：

1. 什么是认知体？
2. 它们如何与其他机器进行交互，如何与人类进行交互？
3. 机器能否像智能听众般协助人类沟通，或帮助获取支撑事实、评估备选方案？
4. 哪些技术成分构成认知行为？
5. 现在和未来，认知体可以生成哪些应用？
6. 它如何重新分配人和机器的工作量？
7. 从认知体中能收集并与外部组织共享哪些类型的数据？
8. 它们如何识别和鉴定授权用户？数据如何在可能被盗的情况下保证安全？谁拥有这些数据，以及数据的所有权如何实施？
9. 这些设备如何收集和共享它们自身的数据？如何校对、保障、混淆这些数据？智能应用如何获取这些数据，以便为形形色色的用户提供令人耳目一新的、富有创新性的功能？
10. 关于认知体和与之互动的人类，能提出哪些见解？
11. 认知体是否改变了当前组织的企业基础设施？

本书讨论了和认知体有关的三个方向：商业用例、技术能力以及对企业和客户的影响。商业用例描述了认知体如何使用以及如何证明它们合理的价值主张；技术能力探究了运行认知体解决方案的技术可行性；对企业和人们的影响探究了当今世界认知体全方位的影响以及个人和团体如何接纳认知体。

本书的第一部分关注使用认知体的几个引人注目的商业用例。这些例子在机构或市场中能和目标或人、个体或群体产生联系吗？本书第 1 章介绍了认知体在传统的维护、操作、技术和重新配置方面的自身发展，其中一系列的事例从认知个体及其所涉及的业务能力等方面说明认知体的商业价值。第 2 章介绍了认知体如何为个人客户提供它日益卓越的协助能力，探讨了认知体的新的角色和使命，以及它为个体贡献的价值。第 3 章重点关注认知体如何为机构或组织提供协助。第 4 章涵盖了认知体为服务市场提供崭新的数据源，以及企业如何借助新的商业模式利用从认知体获得的货币化数据为其商业客户服务。

本书的第二部分探讨从技术层面鉴别关键技术能力，将其用来实现之前提到的那些用例。同时，本书还概述了当前每一种技术能力所需要的和可利用的复杂程度。数据代表着极致的速度、容量和多样性，这些数据大部分都是非结构化的。任何计算环境都不可能收集、关联和分析所有正在生成的数据，并且立即对结果采取行动。除此之外，合适的工具和技术能划分微数据段并学习与这些微数据段相关的粒度信息。先进的分析技术能帮助确定趋势，关注数据的微小片段，在需要时查询和收集其他数据，并根据情况决定如何采取行动。认知体还能通过自动收集数据和自主决策加速制定决策的过程。早期检测和纠正可以为个人、组织和社会带来实质性好处。

第二部分分为三章。第 5 章重点介绍了关于获取数据的各个方面，以及认知体如何获取数据，还探讨了由认知功能展现的获取数据的不同之处和实现这一过程所需要的能力。第 6 章重点关注信息流程，探讨了全新的认知信息处理能力如何利用学习提供更好的见解和更专注的决策。第 7 章涵盖了维护和支持两方面，以及认知体在无需专业维护人员的条件下如何更容易地安装、配置、监控、训练和保护。另外，第 7 章还讨论了数据保护和权限管理等难题。虽然本书涉及一些技术主题，但是不会提供关于这些基础技术的详细说明。很多关于技术方面的书已经出版上市，之后相应的章节都会提供一些有用的参考，帮助大家在其他地方找到高质量的参考材料。

本书的第三部分探讨了人机接口，介绍了认知体带来的这些改变如何影响和改变我们现在的组织，以及我们自身如何做好准备迎接这些改变。同时，第三部分还告诉大家如何鉴别一些必须要避免的陷阱。第 8 章涵盖了机器对机器（M2M）的接口，以及认知体如何在执行任务、协助客户和为它们的所有者协商出一个更优结果等方面关联其他智能体。第 9 章介绍了人机界面以及智能设备如何充当人类的助手。第 10 章关注在将智能设备作为观察者和顾问的条件下，人与人之间的交流。第 11 章介绍了认知体对组织和社会的影响，探究了认知体的发展前景，以及为了达到认知体和当前的组织整合在一起的目标，有哪些任务必须要完成。同时，还探讨了人与机器关系的本质和这种关系如何随着认知体发生改变，并规划了不断变化的组织结构，250 亿认知体将改变 80 亿人筹划和经营他们的日常生活、组织机构和社会的方式。

本书使用了一系列公开案例的研究来阐释观点。创新者和能提前适应这种改变的人已经在早期阶段从可利用的设备和功能的爆发式增长中受益了。然而，今天你们所看到的仅仅是冰山一角。除此之外，本书利用我的研究中一系列对未来的愿景，探讨了什么是无法想象的全新行为以及我们未来前进的方向。

目标读者

本书旨在面向组织营销、制造业和运营物联网领域的人士或未来准备在这些领域发展的人士。这些组织大部分从事应用认知计算等活动，从而使它们的操作更加智能。本书将会提供许多关于未来一些领域应用案例所需的信息，比如商业和 IT 性能、减少故障的方法。写这本书的时候，我始终将商业用户牢记在心。本书将包含许多技术主题，但是会重点从商业角度关注这些主题，介绍这些技术主题如何影响商业议题，而不是深入剖析相关技术的细节。高等院校可以使用本书作为其信息系统课程的阅读材料。我还会为对教授认知计算课程有意向的教师们创作额外的素材。

总结和展望

认知体能提供许多协作所必需的关键能力，包括自动收集信息、通过网络共享数据、为制定最优决策处理信息等能力。

信息处理通过认知的方式完成，反映在事件注入、解决方案开发和智能体互动中与人类相似的创新功能上。在一个典型的领域（例如无人驾驶汽车），必要的能力使机器以人的方式思考和行动。

本书包含以下关键命题。

1. 商业用例正在推动认知体以及它们是如何支持设备、个体、组织机构和外部市场的。
2. 技术能力的出现使认知性能与物联网融合，为认知体提供以人类的方式处理信息的能力。
3. 认知体将会对消费者、组织机构产生巨大的影响，为协作活动提供崭新的处理方式以及制定新的政策。

我将在第 1 章中探讨认知体如何运作以及它们如何支持维护、操作、设计和工程任务。

目录

第一部分

COGNITIVE
（INTERNET OF）THINGS

Collaboration to Optimize Action

认知体在未来商业中的价值

第 1 章 认知体的商业价值

当我和妻子从丹佛搬到南加州时，我们扔掉了陪伴我们度过了二十年的笨重电视机，之后我们在附近的商店到处寻找，想买一台最新型号的电视。我们俩都没有坐着看网络电视的习惯——我们对在空闲时间收看符合自己兴趣爱好的电视节目更感兴趣。当时我们很想为新家置办认知设备，但是却错误地认为智能电视很有可能是其中一种。许多电视生产厂家制造出了它们所谓的智能电视，但是当我们深入研究智能电视的几个类型之后，我们惊讶地发现，这些所谓的智能电视并不是那么智能。这些电视显然不知道谁正在收看自己。它们甚至无法记住我上次看的是什么节目。最糟糕的是，当智能电视无法工作的时候，它无法在设备中自行排除故障，比如检查是网络连接还是内容供应商的问题。这种情况下，只能指望我来修好它，而不是让它自行解决内容分发问题，我不得不整合不同领域的知识，与多名技术人员交流以寻求帮助。一批客服专家指导我进行冷重启和热重启的随机操作，满怀希望地认为这些重启操作能解决这个基本问题。专家们认同这种说法：电视距离实现智能化还有很长一段路要走。虽然如今的电视在很多方面都比我们那个 1995 年产的笨重电视机更加精细和复杂，它们通过网络连接提供了许多新节目，但是这些技术的进步所展现出来的认知特征却十分有限。

与此同时，我发现许多提供观众服务的供应商，例如美国在线影片租赁提供商奈飞公司（Netflix），就具备许多认知特征。它们能根据我的观看模式重新组织电视菜单，跟踪我的意向单，提供推荐节目，在同一个观看套餐下个性化定制每个家庭成员的观看体验。设想一个具有认知功能的电视，它更像餐厅里的服务员，能够关联正在收看电视节目的人，并根据内容偏好提供服务，管理好网络问题，而不是将这些麻烦都留给电视机的使用者。正如一个很棒的餐厅，具有认知功能的电视可以根据最受欢迎的功能重新设计菜单选项，删除几乎不适用的菜单选项，简化界面，让它更容易安装、操作和维修。最后一点，具有认知功能的电视必须保护自己不被外部黑客攻击。如今，对行窃的小偷而言，在入室之前利用带有摄像头的电视察看整个房子的状况已经成为极其常见的手段。在为 IBM 公司做的一次报告中，12 岁的科林·邓菲（Collin Dunphy）和 10 岁的埃文·斯匹萨克（Evan Spisak）展示了黑客控制家庭网络摄像头以进行外部访问的技术。

接下来的部分将重点介绍相较于非认知设备的认知设备的特征及其功能，虽然这里定义的许多功能已经在某些设备上或某个地方的生产中投入使用，但是这种用例的广泛应用仍然是未来需要考虑的事情。然而，这种用例为生产商提供了巨大的机遇——通过提供第一代真正意义上的认知设备占领市场。

候选设备

让我们先看一些例子以便于理解一台认知设备的行为。许多家用电器（例如洗衣机、洗碗机和安保系统）正逐渐变得具备认知功能。我的女儿和女婿通过把家里的灯具和摄像机接入网络，使家具备了认知特征。摄像机为他们提供了一个十分有用的婴儿监护仪，他们可以方便地从手机上的应用程序中看到自家双胞胎婴儿的一举一动。只有当有动静或声音时，摄像机才会录制视频，因此过滤掉了所有不太重要的静态画面，例如孩子在婴儿床中睡觉的场景。摄像机通过这种方式扮演了记录所有活动的见证人，但是它只需要报告一些越过了某些界限值的事件。通过对录像添加时间戳，它能为父母提供关于孩子睡眠方式、玩耍时间和喂食方式的精确描述。

对于新出生的双胞胎，能够记录他们的行为是至关重要的。我的女儿和女婿为所有关心孩子的人下载了手机应用程序婴幼儿跟踪器（Baby Connect），目的是记录每一个宝宝的活动，包括喂食、睡觉和排便。婴幼儿跟踪器吸引了有足够时间和精力来记录他们孩子的小睡时长以及更换尿布频率的父母。婴幼儿跟踪器使用一些有助于父母和儿童看护中心更便利地沟通的协作工具，替代了看护员的手写记录。在这个应用程序中，一旦一个事件被保存，它会立即同步到每一位父母和看护者的账号中。每个人都能实时接收到这些信息。你不仅能记录喂食、看护、小睡、更换尿布、孩子成长中的里程碑事件和母乳喂养，而且能记录孩子的心情、体温、玩的游戏和他通过网络共享的定位，同时还能附上照片。

现在大部分的家用电器都能接入互联网，还能检测习惯和利用疑难排除模式进行预防性维护。惠而浦公司（Whirlpool）正在生产能安装具有创新意义的同步关爱（CareSync）系统的洗衣机。你的洗衣机和烘干机能轻易地连接到任何一个移动设备，只需指尖轻轻一点，就能控制机器以及运行额外的面料护理。这些机器能追踪洗涤剂的使用，预测缺陷和安排修复。这些宝贵的习惯和性能数据现在能传输给工程系统用来改善产品工程。未来，洗衣机将会变得更具有认知特征，例如在其他家庭用水量最小的时候安排它们工作，包括自我诊断和预防性维护，由此根据它们的使用情况来避免产生重大故障并重新编辑它们的菜单选项。

我家的家用电器和安保系统有多智能呢？它们具备认知特征吗？数百年来狗为家庭安全提供了基本的认知功能这项服务。一只训练有素的狗懂得如何利用犬吠声吓跑一个意图不轨的闯入者，同样也能用这种叫声欢迎家庭成员和经常到访的客人。服务犬在提供难得的陪伴方面更进一步——引导它们的主人以及在需要医疗护理的情况下提醒其他人。我 93 岁的父亲和我们住在一起，我们之前非常担心他的健康状况——当他的身体出现可能需要医疗护理的迹象时，如何才能时刻留意他的健康状况。因为我的妻子十分害怕狗，所以养一条服务犬并不在我们的考虑范围之内，而且我们需要能提供在必要的时候能呼叫 911 急救的服务。为此，我联系了为我家提供服务的保安公司，一位客服中心的销售人员及时推荐了一种我父亲能一直佩戴的设备。当我父亲按下一个按钮或摔倒时，这个设备就能通知紧急服务中心。我在对积极的场景（销售人员使用的典型推销用例——不断夸大产品的长处）惊叹不已的同时，我那极具判断力的大脑也在搜寻消极的场景（如果这个系统产生故障）。我问销售人员如果我父亲听到门铃声却无法开门，那么紧急服务中心的救援人员如何进入我家。她告诉我救援人员会做出一切努力，甚至可能会撞破大门以便进入屋内。她还告诉我如果这个房子装的是电子锁，紧急服务中心有组合密码可供使用，但是同样有可能的是，最后他们仍会撞破大门进入屋内。通过一些严格的训练，我可以将我的服务犬训练得能够识别出普通情况和紧急情况的区别，也能区别不速之客和提供紧急护理的人员。当我父亲不小心将看护他的电子狗掉在地上时，这个具有认知特征的老年人看护设备和安保系统能够做到上述所有的事情而不会弄坏我家的大门。这个销售人员忽略了一个很有意思的切入点，那就是安保系统能完全控制一个家，能迎接一位紧急护理专家，同时还能让闯入者敬而远之。这样看来安保系统似乎正在朝着正确的方向发展，但是目前我们却同时需要服务犬和监控服务才能达到理想的效果。

我在前言中介绍了作为认知设备的汽车。凯迪拉克汽车公司正在为其新生产的汽车引进超级巡航系统——这是继自动变速器之后这家公司最有野心的一次技术攻坚。将自适应巡航控制与车道对中技术相结合，驾驶员（或者未来不管叫什么）在高速公路上行驶时将能实现汽车的完全自动控制。谷歌公司最新研发的汽车——根据它们的球茎状而得名的考拉汽车，已经在硅谷附近试驾。这款汽车增加了许多包含认知功能的全新感应器，安装在汽车正面和侧面的镜子以及后视镜上，从而增加了汽车的数据来源。这款汽车还像一个庞大的电脑网络一样装载了大量的处理器。同时此款汽车十多年来一直为驾驶员提供车载诊断端口，OBDII 端口提供了访问来自汽车各种部件的传感器数据的所有入口，并可通过 Wi-Fi 或蓝牙接入互联网。这个数据分享功能极大地提升了这款汽车认知功能的表现。所有的相关数据都会传送到中央电脑，并用于多个方面，包括预防性维护、汽车发动和运行。当汽车在车道上跟紧前面的车时，驾驶员会使用许多原始的方法跟其他驾驶员交流，如按喇叭。如果频繁使用这种方法，则会产生大量的噪声污染，这种现象在德里繁忙的街道上随处可见。具有认知功能的汽车则能使用电子设备与其他车辆交流，而不需要使用灯光或声音，除此之外，具备认知功能的汽车还能互相协商如何最合理地使用车道。那些急急忙忙赶着赴约或者在已经迟到的情况下超速行驶只为节省一点时间的司机们，会碰到什么状况呢？想象一下，在未来的道路上，一系列无人驾驶汽车按照限速规定有条不紊地行驶，不需要时刻提防尾随的鲁莽的司机。随着汽车越来越精细复杂，作为消费者的我们则越来越不具备诊断其故障的能力。然而，具备认知功能的汽车能做到自我诊断，根据主人方便的时间和偏好，自行安排保养维护。为了执行这些功能，汽车开始拥有组织这些传感器并利用它们预测维护时间等能力。我将会在接下来的内容中更细致地讨论预防性维护能力。

智能手机和平板电脑是第一代自然认知的事物。它们有许多本地处理数据的能力，可以实现全球语音、数据和视频通信的互联网连接，还有与其他设备和中央处理器协作的能力。作为其他物联网的认知聚合点，智能手机和平板电脑开始越来越多地执行以下三组任务。首先，它们正在成为其他物联网的通用人机接口。在我们之前提到的惠而浦的案例中，控制智能设备的操作可以通过智能手机和平板电脑实现。其次，它们是将其他物联网接入互联网天然的连接中枢。它们能通过蓝牙或其他技术收集其他设备上的数据，可以根据需要对数据进行缓冲，还能将数据上传到中央处理器。最后，通过提供移动钱包功能，它们能作为支付管理中心使用。为了执行这些功能，它们必须始终接入互联网，而且不能产生故障。通过这些能力收集自身性能的数据，包括汽车的温度、电池使用量、数据上传和下载以及其他参数，这些数据能驱动汽车的预防性维护。那它们执行预防性维护的能力是什么呢？我的智能手机有一个缺陷，就是偶尔会发热，随后手机电池会在十分钟或更短的时间内突然放电。我觉得这个手机实在太不方便了，尤其在我去机场快迟到的那一天，当时手机里还存储着我的电子登机牌。当我把它送到手机维修店时，从手机本身收集到的数据却不足以找出产生故障的根本原因。维修店决定谨慎行事，给了我一个备用机。但是，问题到底出在哪里，我们都不是十分清楚，同时也不清楚恢复出厂设置是否能解决这个问题。在许多事例中，问题可能根本不出在手机本身，可能是手机上运行的应用程序或是供这些手机使用的互联网出现了故障。虽然可以及时换掉这个手机，消费者仍有可能在其他手机上发现同样的问题。通信服务提供商常将这种问题称作未发现故障，用来描述对手机不满意的顾客退回来的完好无损的手机。这种条件下的退货不仅让服务提供商产生了很大的损失，也是客户之间净推荐值下降的主要原因。一个具有认知功能的手机应该能告知它的服务提供商及使用者它可能存在的一些问题，并且找到解决方法自我修复。代表智能手机和网络元件——无线射频、网络路由器、交换机等认知体的集合，通过收集和帮助排除故障在消费者发现问题之前检测出故障。

可穿戴设备是下一代认知体。正如智能手表，它能提供为使用者收集他们身体状况度量的机制。可穿戴设备通常需要更少的能耗，还可以使用蓝牙或网关连接到互联网。例如，前言中提到的 Fitbit 智能运动手环就能收集运动信息，然后使用蓝牙连接将收集到的信息上传至中央处理器，社交媒体能通过这种方式观察和协助锻炼。安德玛开发的健康盒子是一个包括心率监测胸带、腕带和圆形刻度盘的套件。具有独特设计的运动腕带能让使用者非常舒适地佩戴一整天，甚至包括睡觉的时候。使用者可以选择将刻度盘中的数据同步到对应的手机应用程序中，每次登录这个应用程序，它都能记住该使用者的相关数据。这个刻度盘还能测量体脂率以及记录减重达标情况。这组套件里的设备都能与记录的应用程序连接。安德玛还发布了第一代智能跑鞋，这种跑鞋能收集运动数据，这样，使用者就不需要用额外的设备来记录锻炼情况了——因为这双鞋就能记录所有的锻炼情况。

虽然具有传感技术的服装还处在发展的起步阶段，但是像安德玛、拉夫劳伦和牛仔品牌李维斯等主要的服装品牌一直致力于开发这类产品。谷歌公司提花（Jacquard）项目（与李维斯合作）创始人伊万·波普列夫（Ivan Poupyrev）说：“纺织品的结构和我们每天使用的移动设备以及平板电脑的触摸屏的结构是一模一样的。”一段新发布的视频展示了一个穿着夹克骑着自行车的人能够同时与夹克进行沟通。“这就意味着如果你用导电线代替纺织品中的一些走线，你就能编织出能识别许多简单触摸手势的纺织成品，像任何一个手机上的触摸屏可以识别触摸手势一样。”

让我们继续讨论一系列应用到空中的认知体。亚马逊首席执行官杰夫·贝佐斯在 2013 年底为哥伦比亚广播公司的通信记者查理·罗斯（Charlie Rose）带去了一个巨大的惊喜。在访谈节目《六十分钟》（*60 Minutes*）结束后，贝佐斯领着罗斯走进一个位于亚马逊办公楼的神秘房间，并向他透露了一个名为 R&D 的秘密项目：“八旋翼无人机”——这个无人机能在 30 分钟内将包裹直接投递到你家门口。贝佐斯说这是一个十分大胆的计划，它需要更多的安全性测试以及美国联邦航空管理局的批准，他预计在未来四到五年之内，顾客将能体验到被称为亚马逊“空中王牌”（Prime Air）的无人机配送方式。两年后，亚马逊发布了第二代无人机，目前美国国家航空航天局正在协助美国联邦航空管理局测试它的安全性。正如无人驾驶汽车能在繁忙的高速公路上遵守道路法律法规，无人机也必须学会和周围的人类环境交互。和每位美国联合包裹速递服务公司的投递员一样，它们必须导航到相应的地址，避免被狗追的窘况，还要很温柔地对待充满好奇心的小朋友。在亚马逊发布的视频中可以看到，顾客将会收到亚马逊发给他们的通知单，上面注明了包裹到达的时间，同时他们还将放置一枚亚马逊标记针确定无人机着陆的位置。无人机也会充当提供宝贵环境信息的数据源。与它们类似的更大的飞机——商用飞机已经能收集大量关于自身的数据。它们将这些数据提供给航空公司、飞机制造商以及天气公司。

在电信网络中，互联网已经很成熟，客户都要求优质的网络和服务质量，服务提供商之间激烈的竞争则让它们在客户面前脱颖而出。能在外出时所有重要的场合提供五格全满信号的通信供应商才能吸引客户。通信供应商为了达到这个目标，需要监测它们的网络设备并通过这些信息改善服务质量。随着通信服务提供商转向智能手机、第三方应用软件和数据服务，提升服务质量就取决于许多不在它们控制范围内的因素。报告它们的性能，发现相关问题，重新配置以满足不断变化的需求模式，为服务和设备提供商提供更好的设计思路，电信网络在这些方面正快速地获得认知能力。它们在认知之旅上已经取得了一定进展，并且协助创造出许多重要的技术创新，同时这些技术突破可被其他行业采用。电信网络包含许多智能设备，这些设备全部都已接入互联网而且能提供非常多关于自身性能的数据。在智能手机上访问 Facebook 的某个页面就能生成成百上千个网络事件。必须对这些事件进行收集、关联和汇总，并对数据来源进行评分，以便为下游监控系统提供有意义的分析。

在商业领域还有许多其他智能设备网络，包括工厂车间的智能设备、分销公司车队的卡车以及电力公司的智能电网。随着接入互联网的花费日益降低，分析选项在技术和财务上变得可行，这些网络开始在探索认知功能这条道路上变得日益成熟。例如，电力公司为记录客户的用电量，投资生产了智能电表。过去，家用电表都是电力公司的抄表员每月记录一次，抄表员每次都要走遍整个社区，亲自记录用电情况。有了自动计量系统之后，电力公司可以更频繁地记录用电情况。这样的电表升级开发出了很多应用程序，从而根据需求分配来优化能源消耗和分配方式。

智慧城市越来越多地使它们的资源更便捷地在互联网中使用。例如，现在许多城市都在使用可联网的停车计时器，可以使用信用卡或电话应用程序缴纳费用。一旦停车计时器接入网络，它就会通知附近道路上的智能汽车可使用的停车位信息，因此减少了驾驶员苦心寻找停车场花费的时间，同时还缓解了他们沮丧的心情。智慧城市还可以利用停车位的利用率数据重新规划城市的停车空间。从汽车那里收集到的交通数据可用于各种规划和运营活动，包括交通信号的协调、遇到灾害和街道维修等时重新规划路线。

认知设备操作

认知设备如何操作以及它们和自动化时代的类似设备有什么区别？我将在本节使用一组认知功能对认知旅程进行对比。首先让我们看看健身追踪器这个例子。五百多年以前，达·芬奇创造了计步器这个概念。这位著名艺术家的草图展现了一个带摆臂的齿轮驱动装置，它随着人的脚步而即时移动。又过了几百年，现在的计步器有了各式各样的形状和尺寸——机械的、数码的或是一个简单的智能手机应用程序。Fitbit 智能运动手环能使用计步器追踪身体活动。虽然计步器将步数作为一个测量方式以量化身体活动，但仍然有许多其他选择，包括测量心率变化的心率监测器、追踪距离和地形的全球定位系统设备。每一种这样的设备都能提供监测身体活动的测量方式，它们能在大部分地方使用，但是不能在全球范围内通用。比如，我的 Fitbit 智能运动手环能精准地测量我日常散步或慢跑的步数，但是在地面平坦的舞厅跳舞，无论是需要迈大步的舞蹈（比如华尔兹），还是迈小步的韵律舞蹈（比如恰恰），这些情况下的测量结果和身体活动并不一致。在 Fitbit 智能运动手环里，一步就是一步，但是它不能区分消耗更多能量的华尔兹中一个大的侧跨步和恰恰中的一个小短步。全球定位系统擅长测量横跨距离的外部活动，但是却无法恰当地理解在室内进行的一轮正式的羽毛球比赛。心率监测器可能比计步器和具有全球定位系统的设备都要优秀很多，但是心率监测器会在没有实际身体活动但心率突然提高的情况下无法准确测量身体活动情况，比如在看恐怖电影的时候，这个时候心率监测器就无法准确测量。在每一个案例中，这些设备都使用算法从它们原始的测量值估算身体活动情况，同时也有可能在某些情况下根据年龄和体重的不同做出调整。

除了它们的缺点之外，这些设备能够相对容易地观察身体活动，并将原始测量结果转换为身体活动的数据，再根据这些数据分享运动的分析结果，然后将这些转换后的测量结果信息传递到可汇总、分析和共享的信息库。相比较而言，不具备认知功能的传统跑步机只能通过运动速度来测量身体活动，并将测量结果展示给正在使用这台跑步机的人。如果我在跑步机上待得不耐烦了，想要结束运动，这时我的朋友们也无法阻拦我的这种行为。然而现在，苹果手机里的运动追踪应用程序会在我慢跑的时候追踪我的位置和运动表现，然后自动发布到我的 Facebook 页面。它敦促着我达成甚至超过我设定的运动目标，还能和我的朋友们分享愉快的慢跑过程。通过使用地形信息，它还能预测慢跑道的陡峭程度并计算锻炼时燃烧的卡路里。

一个具有认知功能的体重秤和我们已经用了几十年的体重秤相比，其工作原理有什么不同？我决定试试安德玛的体重秤，它还有一个能安装在苹果手机上的记录体重的应用程序。这个体重秤包装得很漂亮，拆开之后，我先按照指示安装了应用程序。正当我给体重秤充电的时候，它通过蓝牙连接上了我的苹果手机，以便收集我的个人信息，还喊了我的名字表示问候。我的妻子看到浴室里这个闪亮的体重秤，于是决定用它来测量自己的体重。此时这个体重秤却感到困惑，因为这时站在体重秤上的这个人的身体状况和我的各项身体数据并不匹配，于是体重秤询问我的妻子是否是另外一位用户，这样她可以通过安装应用程序让体重秤了解她的各项身体状况。虽然这只是一个简单的识别步骤，但体重秤使用身体状况也就是目前的体重和体脂率这种方式区分出我和我的妻子，而不需要我们手动更改这些设置，以便让体重秤了解到底是我们中的哪一个人在使用它。每当我站上去称体重时，它都能准确地称呼我，监测我的身体状况并将它发送到我手机的应用程序里——使用它的识别技术更新正在测量体重的那个人连接的应用程序。

学习的第一步是识别和区分用户。认知体根据用户的使用情况进行学习，并持续更新它们与用户的交互。我将在第 8 章讨论一种新玩具——被准确地称为“智能玩具”——其目的是成为儿童具有认知功能的朋友。智能玩具通过交互学习，根据孩子的兴趣和认知发展不断变化。不像其他许多传统的玩具那样提供交互按钮，具有认知功能的智能玩具在孩子使用时，每次都会产生不同的反应，因此通过这种方式能保持玩具的新鲜感，从而让孩子们一直有兴趣持续玩玩具。这种学习方式可以成为任何家用设备都具备的有用特性——电视机、洗衣机、烘干机、咖啡机和安保系统。在每一个案例中，我们都有用户模式，同时这些模式可以进行学习。这些认知体必须通过不同的方式识别不同的用户：通过脸部、触摸、声音、指纹和使用情况，并通过上次学习的结果定制它们的交互情况。

每当许多亲戚朋友一起出去旅行的时候，我们会坐在不同的车里，他们总是很担心会和谁坐在一辆车上，因为只有坐在同一辆车上的人才能方便地互动交流。具备认知功能的汽车能改变我们组织车队一起旅行的现状吗？也许那些汽车能互相识别出来，同时根据需要创建一个会话，在多辆汽车上共享对话或音乐。通过这种方式，这些车需要互相保持通信。如果它们共享一个沟通频道，它们还能识别出彼此的位置并让每辆车的驾驶员更容易地跟上另外的车。目前，其中一些功能能通过驾驶员或乘客智能手机上多种多样的应用程序来实现。例如，通过使用音乐播放软件 AmpMe，整个车队可以开派对同时分享音乐。智能的“M2M”通信是个难题，它需要大量的认知技能来分享目标、约束条件、活动情况和对问题的回答。目前具备认知功能的机器正开始学习如何简单地进行彼此交互。我预测无人驾驶汽车需要开发相当多的协同技巧，因为这些汽车需要区分哪些是它们的朋友、陌生人或对手。

当机器人开始和人类交互的时候，它们需要学习如何预设以及回应情感诉求，例如握手或拥抱。认知助手必须区别情绪，并根据情绪的改变调整它们的沟通方式。感知和回应情绪是一个非常重要的认知技能。传统的自动化是无情绪及程序化的。但是一个认知助手要展现出面带微笑的脸或者令人振奋的声音，同时还要根据感知到的语调、面部表情或提问所用的词语调整对话方式。因为认知助手能察觉到愤怒、沮丧或讽刺等情绪，它必须使自己适应整个对话过程。

认知设备工程

设备的使用情况可以进行收集和分析，并向工程团队提供有价值的反馈。设备中的某些部件可能会更频繁地发生故障，如果设计得当，可以显著降低维护成本。也可能有一些功能长时间都不会被使用，但它们让用户界面显得杂乱无章，使日常操作变得复杂。安装这个设备也许十分困难，但是安装向导也许可以明显减少安装过程中的麻烦。工程部门需要多长时间才能收集和分析这些使用反馈以便优化产品设计？

质量功能配置（DFD）是将需要采用定性分析的用户需求转化为定量参数的方法，配置形成产品质量的功能，并将获得设计产品质量的方法配置到子系统和组成部分中，最终准确无误地转移到制造过程中的特定元素。尽管质量功能配置这个概念在20世纪60年代被引入，但是它需要大量收集数据，用来有效分析产品的功能并转化为设计优化。如果使用数据被收集和整理得当，就可以更严格地使用质量功能配置和相关方法来改善工程设计。但是，工程部门必须在产品中安装传感器便于收集使用反馈，这种方法能在子系统中收集数据以隔离系统安装问题。也就是说，如果监控摄像机的安全系统安装需要一整天的时间，就必须有一个研究每一步所需时间的分析机制，并从这些传感器中收集数据以隔离安装过程中遇到的瓶颈。大概多久你就会对一个网站的导航功能感到沮丧并且拒绝填写用户调查？由此看来，认知体是能够不知疲倦地创建未来分析所需数据的最佳选择。

工程的另外一个重要的方面是具备尝试设计并实验多种方法的能力，从而可以使用现场实验来尝试许多设计，并选择能够提供最优结果的设计。在闭环实验中，类似的实验设计可以在现场进行，还能收集和分析反馈从而优化设计。具有多种替代设计的复杂现场测试可以在整个用户群中进行，而不需要使用目前广为流行的小样本测试。许多软件公司已经利用验收测试（Beta测试[①]）项目来实施这些实验，这种方法能让它们更灵活地提供新的设计方案，还能在设计方案成为正式发布版本的一部分之前比较不同的设计方案。

让我们来看一个可以说明认知设备工程的例子。通信网络的网络技术正在演变成基于云端的网络功能配置，其中每个网络功能（例如路由器和交换机），都可以通过可互换的基于云端的硬件进行配置，用来提供特定的功能。随着智能手机和其他无线设备（包括作为无线设备的认知体）的不断增加，并且在网络使用中占据主导地位，用户对网络资源的需求千差万别。如果一个体育场内有 4 万名球迷在重要的比赛中开始大量使用视频回放，那么网络能够收集到这个体育场网络的使用情况，随后网络能够重新配置，向球迷提供额外的视频带宽。在这种情况下，也许需要收集和汇总网络的使用情况，并将其与在体育场的粉丝隔离。这些信息随后都会被传送到网络工程的功能上，这样就可以做出重新配置网络的即时设计决策。

设想一下家用设备能从你过去的使用情况中了解信息，从而为你提供一个标有“和以前一样”的按钮。这并不稀奇，也许你的汽车已经有了一个导航回家的按钮——可以直接带你回家，或者一个你经常到访之处的导航按钮。在每一个案例中，具有认知功能的设备都设计了能够从过去的使用情况中了解和记住许多有用的信息的功能，从而根据以前的使用情况来让这些设备更容易操作。

---

① Beta 测试是一种验收测试，即软件产品完成了功能测试和系统测试之后，在产品发布之前所进行的软件测试活动。它是技术测试的最后一个阶段，通过了验收测试，产品就会进入发布阶段。——译者注

用于交易管理的区块链

如果物品开始用于交易，它们如何才能信任彼此？传统的合约管理模式涉及见证或参与交易的可信任的第三方。比如，使用信用卡交易情况下，买方授权卖方使用信用卡运营商作为中间人获取报酬。信用卡运营商则通过建立买方和卖方的信任关系来实现这个功能，并维持一个拥有足够数量的买卖双方的网络，使这种交易成为可能。全球可信的第三方机构进行大量的交易，并承担相关的责任。在资产出售的案例中，如在美国买入和卖出房地产，所有权和托管公司负责见证交易，并让公证人验证买卖双方的签名。可信交易的基本前提是存在第三方机构，它可以验证交易并且可以参与质疑交易的有效性。

随着认知体进入交易领域，这些值得信任的机构正变得越来越多，也挑战着人们理解、管理分类账本和交易的能力。当你搭乘优步公司的出租车出行时，支付车费这个交易过程涉及你的信用卡公司以及优步公司，二者都充当了你和出租车司机的中间人。它们各自收取一定比例的交易费用，为两个陌生人之间建立安全信任的关系提供了服务。如果你对出租车司机的收费提出质疑，你可以联系司机、优步公司或你的信用卡运营商，他们都能为这次交易的有效性做担保，这个过程涉及一系列的数字事件，由可信的第三方机构目睹和记录整个过程。这样可以在有争议的情况下回顾这些事件，以检查收费的有效性。

设想一下你走在城市一条繁忙的街道上，一架钢琴从天而降，钢琴砸在道路中央，引得许多路人跑来围观。每一个目睹事件的人都立即被绑在一个测谎仪上，并被要求叙述刚才看到的一切。他们每个人都精准地讲述着一模一样的故事，甚至使用的每个词语都如出一辙。那么会有人对钢琴从天上掉下来这件事产生怀疑吗？这就是区块链（Blockchain）背后的原则，这是一个强有力的发明，它深刻地影响着我们与数字世界的关系。区块链本质上只是一个数字事件的分布式账本技术——强调“分布式”，或者在不同的各方之间共享。它只能通过系统中大多数参与者的共识作为更新的依据。一旦进入这些数字事件，信息将永远不会被删除。

不论第三方机构是否存在，区块链都为陌生人提供了安全的管理交易方式。区块链通过创造出分布式账本技术实现陌生人之间的交易需求，这在许多方面挑战着目前的金融机构和政府职能。对于由数字事件支持的机器间的交易，区块链为数字合约管理和交易提供了迫切需要的支撑。

精彩回顾

在本章中，我描绘了具有认知功能的设备，以及它们是如何运作、如何被设计和生产出来的。让我们应用这些内容来设想一台具有认知功能的电视机。当我买了电视机，并把它搬回家，它能通过我的智能手机上的安装应用程序接入家庭娱乐系统。因此每一个家庭成员的智能手机现在都能作为电视机通用的遥控器，智能手机还能记住每个人关注的电视节目并从中学习。每当我坐下收看电视节目时，它会根据我以前的使用情况为我安排电视节目，并为我推荐有与我观看记录类似内容的新节目。节目内容可以根据非机构对话进行搜索，我能根据回忆出的演员、情景或故事线浏览或查找。电视机也会根据我的菜单上正在流行的节目，或根据我在其他设备上的观看记录来推送电视节目。具有认知功能的电视机能感应出有多少人正在电视机前，再根据观众的总体偏好——区分家庭观看、浪漫观看和单独搜索，跳转到适合大家一起观看的电视节目，为大家带来全新的观看体验。这种电视能自行解决问题，根据带宽和同一带宽下的电视数目优化观看体验。

具有认知功能的电视里的部分功能已经实现。尽管在一开始曾公开反对过这种电视，但亚马逊、奈飞公司和其他公司仍在历史观看记录的基础上优先规划了电视节目，并且推荐了新的内容。随着我们在探索认知功能的道路上一路前行，我们希望能看到能自主操作、安装、诊断和运营自己的真正的智能电视。而这种智能电视还可以收集反馈，以便更好地设计有线网络、电视或通用遥控器。

使用认知设备的日志数据创造更加智能的产品工程就是更大的收获。产品经常带有一些极少被使用的功能。任何安装或使用问题如果没有得到确认，就会在产品发布之后继续使用。使用数据的收集、分析和现场测试可以显著简化产品生产流程。随着产品由数字和软件控制，产品的功能和配置可以动态地重新优化。我在这一章中举出了电信网络的例子，其中工程部门可以使用动态配置来优化在某个时间点的具体使用设计。

随着 250 亿认知体为 80 亿用户提供服务，它们可以从人类主人那里学到什么，以及它们将如何使自己的日常工作有所不同？我将在第 2 章探讨更多人机接口对用户造成影响的案例，我还将在第 3 章探讨与机构合作的用例。

第2章 充当人类助手的认知设备

穿越美国自行车赛是世界上距离最长的耐力自行车比赛。它的路线覆盖了3000英里[①]的海岸线，几乎需要不间断地进行比赛，而且休息时间十分短暂。这个比赛要求参赛的自行车手穿越美国12个州，包括太平洋海岸线、落基山脉、大平原以及大西洋海岸线，所以它能吸引来自25个国家超过300名自行车手在100多位赛事组委会成员的协助下参加比赛，就一点也不奇怪。让我来介绍戴夫·哈斯（Dave Hasse），他已经在这个艰难的比赛中多次取得胜利。他是后来才开始喜欢骑自行车的。戴夫在一个24小时的自行车比赛中一时兴起，发现了不间断自行车比赛的乐趣。当他发现这个比赛是穿越美国自行车赛的预选赛时，他的反应是“如果你获得比赛资格，那我猜你就不得不参加这个比赛”。这句话总结了戴夫对这个比赛的全部态度。参加2004年穿越美国自行车赛时，长时间的骑行让他几乎丧命，他在史蒂文·奥尔巴赫（Steve Auerbach）的纪录片镜头下也是如此，这让全世界的观众都认识了他。在接下来的五年中，戴夫三次完成了穿越美国自行车赛。

戴夫·哈斯在比赛中都依靠直觉做出重要决定。然而，2015年当他试

---

① 1英里≈1.60934千米。——译者注

图成为能赢下这个竞争十分激烈的穿越美国自行车赛的第一位美国人时，他向 IBM 公司寻求帮助，以协助他在实际比赛中做出重要决策。通过结合他自己的直觉和高速、高性能分析的结果，戴夫能够适应不断变化的比赛变量，并且发挥出比以往更卓越的表现。这些认知设备通过监测他的生理状况以及环境变化，包括风向变化和预测温度，协助他完成比赛。因为他连续 8 天每天都需要骑行 22 个小时，考虑到他的疲惫程度、行经的地形和预测的天气，他的休息时间通过预测算法进行了优化，最终得出他每天需要骑行二十个小时零六分钟的结论。

我们将在本章探讨认知设备如何通过提升自己的直觉和决策，帮助个人在所选择的事业上脱颖而出。戴夫的情况非常特殊，但是在这个案例中仍然能看到个人在十分激烈的竞争环境下是如何超越生理极限的。然而，在这个过程中他需要做出许多重要的决定，例如自行车踏板需要踩多重，什么时候休息，这些决策都会帮助优化他的比赛表现。在去年的比赛中，风暴给赛车手带来了严重的逆风问题。与一贯的直觉相反，获胜者在比赛的第一阶段骑车的时间更长，导致逆风到来时选手之间的差异显著。随着技术变得触手可及，每个人都配备了数字设备，这个设备可以访问大量数据，比如天气和地形的信息。访问数据是第一级别的支撑。具备认知功能的设备协助人类取舍备选方案，这些方案通过更好地利用获取的数据，可以显著改善比赛结果。它们通过分析和关联不同的信息源，实时评估备选方案和设计行动来达到目的。

微软公司的一名技术人员埃瑞克·霍维茨（Eric Horvitz），在技术娱乐设计（TED）大会的演讲中展示了一种协作模式：机器智能在以下三个领域协助人类认知功能——决策、注意力和记忆力。人类的大脑非常擅长建立联系、处理信息和做出决策。机器则能够提供以下人类迫切需要的支持：通过认真的评估备选方案为系统地做出决策夯实基础、整理大量信息并重点关注最重要的信息、作为人类忠实的助手记住和回顾更多的信息。

机器能一直忠诚地为人类服务，这一点是很重要的。在允许应用程序免费下载的过程中，你可能会因为不诚实的操作而感觉自己受到了伤害，它会利用你的数据和别人交易，给你提供质量很差或者你根本不需要的建议。为了使设备能被广泛接受，它必须很容易使用、值得信任以及能够以恰当的节奏工作。我将会阐述一些可以被人类接受的好坏经验皆有的案例。

购物和购买助理

选购汽车对我来说是一件很困难的事情。经销商很看重它们关于厂商建议零售价、经销商利润率和融资选择的信息。在讨价还价的过程中，汽车销售人员都力图得到认购承诺，但我无法收集到足够的信息来评估备选方案，从而做出最佳选择。在没有互联网的时候，我总是让一系列专家聚在一起帮我砍价，以便用最低的价格买到汽车。我们非常保守地交换信息，然后小心翼翼地使用这些信息以便拿到最低的价格。

随着信息随处可见，这个领域正在进行许许多多的尝试，这股浪潮最终涌向了买家。许多充当采购助理的应用程序将信息分级，为我提供了一个绝佳的机会以充分理解库存可用性、制造商报价和谈判保证金。然而，我不会在这些应用程序里分享这样一则信息——我有买车的想法和我的手机号码。如果我在应用程序里预留了我的手机号码，我可能会收到许多推销电话，尤其在我改变主意或真正买车的时候，这将浇灭我满腔的好奇心。一个承诺要做我的采购助理的应用程序却粗略地复制了这个让人恐惧的过程。当我使用这个应用程序获取购买意见时，我惊讶地发现当地所有的汽车经销商都知道了我的买车想法，我接到了无数个他们打来的电话，甚至在我买到想要的那款汽车后的一星期，我仍然接到了经销商打来的推销电话。当我仔细回想这些细节，我发现这个应用程序受困于它的商业模式，这个应用程序公司的老板决定站在汽车经销商那一方，并和他们交易客户的数据以获取短期利益。很遗憾，我给了这个应用程序一个很低的评分，社交网络上也充斥着对它的负面评价。那么会存在一个谨慎、信息丰富、能公平代表买方观点的采购助理吗？随着采购助理发展成熟，它们会发现客户只有在充分信任它们的条件下才会分享信息。那么会存在可信任的采购助理吗？

幸运的是，这些值得信赖的代理商正迅速为对价格敏感的消费者提供巨大的支持。如果你一直在持续关注你想买的某样东西，有时确实值得晚些时候再买，但在大部分时候，你都想尽快买下这样东西。你如何才能知道什么时候买最划算呢？这时候价格追踪器就可以帮你。像 Camelcamelcamel.com 和 PriceZombie.com 这样的网页，通过提供逐月价格变化、标注一年中价格的最高点和最低点帮助你决定是立即购买还是以后再买。通过这种方式，你会在看到一个商品的时候就知道它最划算的价格。这两个网站都会在你心仪的商品价格下降时发出提示。Camelcamelcamel 只能为你提供亚马逊网站上的价格变化表；PriceZombie 则可以覆盖许多零售商网站。你还能使用 Pinterest 的提示和 Slice 手机应用程序等工具关注价格下降的信息。

在纽约的一次节前购物行程中，丽莎·莉布莱特（Lisa Liberetto）在她的苹果手机上收到了一条十分吸引人的推送消息：她垂涎已久的文斯·卡莫图手袋在一个购物网站上可以优惠 25 美元。居住在康涅狄格州里士满的莉布莱特女士说：“如果我的手机能给我推送优惠信息或者我喜欢的那个商品的相关信息，我就会完全被吸引。那条信息推送得正是时候——正当她走近文斯·卡莫图的商店，她收到了这条促销信息。这条信息促使她下定决心买下了那个手袋。但其实这个时间点并不是巧合。她在商店助手里下载的这个应用程序采用了信标技术———项崭新的基于定位的营销技术，确定她所在的位置之后给她发送折扣信息。“我希望越来越多的公司能够使用这项技术。”她说。

商店助手（ShopAdvisor）是一家位于马萨诸塞州康科德的、已经成立了四年的公司，为基于定位的移动营销开发出了一项新技术，这项技术将成为零售商努力寻求的突破口。基于全球定位系统的手机应用程序并不是一个新概念，而是围绕着地理围栏技术这个概念。这个应用程序能够围绕诸如商场的指定位置创造虚拟边界，能够帮零售商向附近的潜在顾客推送信息。但是信标技术能够非常准确地确定用户的位置，以至于零售商十分清楚用户什么时候在鞋区选购商品或挑选内衣。商店助手能提供自己的移动购物应用程序，而且致力于专门为媒体公司和零售商开发多通道的移动购物平台，商店助手已经以新颖的方式融合了信标技术。

认知销售正逐渐变成销售的主流形式。例如，塔可钟（Taco Bell）正在使用具有认知功能的应用负责日常的点餐。塔可钟推出了塔可钟智能机器人（TacoBot），能充当收银员为快餐店里的顾客点餐，它像苹果手机里智能语音助手 Siri 一样为用户提供服务。塔可钟为使用企业聊天协作工具（Slack）进行内部通信的工作场所创造了这个人工智能机器人。目前，不需要有人在便签纸上记下每个人想点的餐食，也不需要快餐店的服务员准确地拿出他们所需要的餐食，唯一需要的就是让塔可钟机器人为他们下单。“我们正处在需要升级我们使用电脑方式的时候，”创造了塔可钟机器人的德驰公司（Deutsch）的高级副总裁兼创意总监马丁·莱高维克（Martin Legowiecki）说，“过去我们总是得像电脑一样说话。”但是现在电脑沟通的方式越来越像我们。塔可钟智能机器人能记录下你的订单甚至还能和你开个玩笑。比如，如果你告诉塔可钟智能机器人你喝醉了，它将会在你的订单中加一杯水。如果你需要它为你推荐食物，它会为你推荐一个用二进制代码翻译出来是多乐多滋脆皮墨西哥卷饼的食物。德驰团队使用 Wit.ai——一个用于创建软件的在线服务，创造了塔可钟智能机器人，这个软件系统能理解人类的语言并做出回应（Facebook 收购了 Wit.ai 并将用它来协助构建 Facebook 的虚拟助手 M）。莱高维克说这意味着未来能将塔可钟智能机器人带到其他应用程序上，例如企业内部聊天工具 Hipchat、Facebook 的聊天应用 Messenger、亚马逊的通信应用 Echo，甚至还有苹果电视。Facebook 已经推出一个用来创建和客户互动或处理采购问题的智能机器人的消息平台。

护理助理

美国 65 岁以下的人口在 20 世纪增加了两倍。同时 65 岁或以上的人口已经上升了 11 倍。最终结果是，从 1900 年每 25 个美国人中只有 1 个老年人（310万人口），到1994年每8个美国人中就有1个老年人（3320万人口）。随着婴儿潮那一代人逐渐变老，在接下来的 40 年中，预计美国老年人数量会从 2012 年的 4300 万人增长到接近 8400 万人。到 2030 年，百分之二十的美国人口将超过 65 岁，所有婴儿潮时期出生的人——第二次世界大战之后美国有一段特殊时期，出生率大幅增长，因在这个时期出生而得名——将会达到非官方的退休年龄。其中很多年老的人都独自居住或者和另外一个重要的人一起生活，他们依靠社会保障系统来满足医疗或其他需求。我的父亲和我住在一起，93 岁的他仍然拥有非常好的记忆力，能记得几十年前发生的事情的很多细节。但是最近情况变得不一样了。在最近的几个月，他总是需要别人帮他记住一些日常事务，比如每天吃两次药或者日常有目的地锻炼身体。那些具有认知功能的设备如何成为这些老年人的助理，并为他们提供一些帮助？

具有认知功能的房子可以设置一套追踪活动的传感器，比如打开和关闭冰箱、微波炉以及橱柜。当老年人进行日常工作时，传感器可以随时跟踪这些活动，由此它们可以创建一个日常活动日志。通过汇总这些传感器所捕获的事件，老年护理系统可以由此推断他们是否吃过饭、有没有吃药、是否进行了体育活动以及上厕所之后有没有洗手。这些信息可以与社会群体进行比较之后报告给护理人员。

现在让我们考虑另外一个需要密切关注和拓展解决方案的护理情况——急救护理。使用无线电话拨打 911 的电话数量近几年大幅增长。有百分之七十的 911 电话是通过无线电话拨打的，而且这个比例正在不断增加。对许多美国人来说，他们拥有一个无线电话的主要原因之一是能够在紧急情况下拨打 911 寻求帮助。然而，无线电话服务的移动性使得确定无线电话用户的地理位置，比确定传统固定电话用户的位置更复杂，因为每个固定电话的电话号码都绑定一个固定的地理位置。对通过无线电话拨打 911 的用户，为了有效提高应急人员的响应能力，美国联邦通信委员会采取了一系列措施确保无线服务供应商能将定位信息自动发送到公共安全应答中心。这些规定将在未来逐步实施。很可惜的是，在写这本书的时候，无线服务所提供的位置信息仍然不是十分准确。虽然无线定位有很多种渠道，但是每一种都有缺陷。公共安全应答中心通常提供最近的无线天线的位置，可能就在 0.5 米之内。如果电话装有全球定位系统，那么公共安全应答中心可以获取定位，从而提供更精确的经纬度坐标。遗憾的是，全球定位系统不能提供 Z 坐标或准确地估计垂直高度，这在多层建筑中却是非常重要的。全球定位系统还有一个缺点，就是它非常耗电。除此之外，通过 Wi-Fi 连接的室内电话可以通过 Wi-Fi 发射器来定位。

对于在世界各国旅行的人来说，急救护理服务没有一个通用的号码。每个国家都有一个特定的号码和针对急救护理的一系列步骤。当我需要急救护理的时候，可能没有时间找到该服务的本地号码。

幸运的是，在紧急情况下需要帮助是共享位置信息的一个最佳理由。同时，位置可以通过分析推断出来，并能以适当的准确度为大多数用户预测位置信息。一个理想的急救护理系统能够使用多种渠道优化预测位置的方案或使用历史位置的数据进行预测，也可能测试手机里额外的信息。这个理想的系统能为寻求急救护理的人提供具有认知功能的用户接口，应答中心和急救车可尽快找到行动无法自理的人。这个系统可以跨越国界在许多不同的急救系统中无缝运转。

旅行和娱乐助理

优步公司虽然成立不到五年，但是在提供旅行助理的业务以及将乘客和驾驶员联系起来的共享行程服务上非常受欢迎。能够确定出租车司机的位置，同时还能为乘客提供值得信任的出行服务，这个概念正在快速地被主流的出租车公司模仿。在这两种情况下，这是一个能共享位置信息和联系方式的有意思的应用程序。优步公司的驾驶员能了解潜在的乘客，同时乘客也能了解附近可用的出租车。乘客可以拨打应用程序里显示的驾驶员电话联系优步公司的司机。在我第一次体验优步的时候，我很不习惯分享我的位置信息和联系方式。事实上，在另外一个出租车应用程序上，我确实在结束服务的一个月后收到一条来自出租车司机莫名其妙的短信。但是，优步似乎构建了信息保护层，使得它的司机很难侵犯我的隐私——它使用呼叫转移来打乱电话号码。我看到的优步司机的号码并不是他真正的号码，司机也同样无法看到乘客的真实号码。根据当地的出租车管理条例，优步需要告知司机乘客的姓名。但是目前优步正在与当地政策法规制定人员协商废除这一规定。因此，在这个案例中，尽管优步需要费力游说出租车管理机构，但它提供的服务操作简便，同时竭尽全力获取了客户的信任。

接下来，让我介绍一下住旅店时这些认知设备可以提供哪些帮助。我几乎每周都得出差一次，当我在美国境内出差时，如果我从加利福尼亚州出发，方向行程就都是逆时针，每次都得半夜才到达酒店房间。但是，我确实非常喜欢半夜去健身房散步或慢跑。那么我能根据酒店大堂墙壁上贴出的信息找到健身房吗？锻炼完之后，我需要一瓶水，有时候酒店的健身房 Wi-Fi 的信号很差或是没有干净的毛巾。上述的所有问题都得打电话询问酒店前台，但是那时候酒店前台经常在办理其他夜间抵达客人的入住手续，并且这种等待浪费了我宝贵的睡眠时间。在拉斯维加斯召开的上一届 IBM 大数据分析峰会上，我很高兴听到了出发时刻（Go Moment）首席执行官拉吉·辛格（Raj Singh）在主会场展示的一款名为常春藤（Ivy）的认知助手，用户可以呼叫它来获得帮助。打造这款常春藤助手需要创建者们拆解并分析每个用户入住的酒店里的一些具体问题。通过这种方式，他们发现会出现大约 1400 种突发状况，不包括火灾等特殊事件。根据辛格分享的信息，其中 700 多种突发状况并不需要人类参与判断，剩下的突发状况则需要人类来处理过程中出现的大部分互动环节。常春藤这个应用助手由世界知名的人工智能引擎——IBM 的超级计算机提供支持。这个应用助手借助超级电脑沃森实时分析和处理酒店住客多种多样的需求。

图 2-1 展示了常春藤助手和两位用户的互动情况。互动是通过短信完成的。如果互动过程中需要酒店员工的协助，那么他们可能需要参与这个过程，但是常春藤助手会处理大部分重复性的需求。

作为酒店的住客，我的需求都能得到立即回复。但是困难的问题还是留给酒店员工处理。因为其对住客的及时回复，这个助手必然会得到酒店的赏识，从而帮助酒店减少社交媒体上的负面评价。同样重要的是，应用程序可以自动处理很多问题，住客就不需要反复拨打前台电话，酒店员工的工作就可以轻松一点，留下更多的时间处理更复杂的问题，同时能在忙碌的时候提高办事效率。

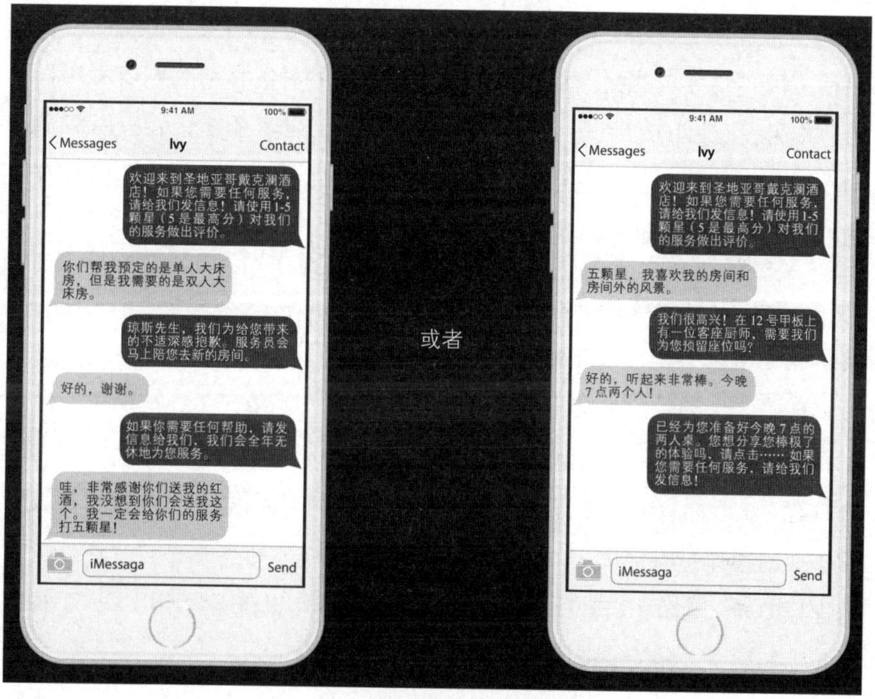

图 2-1　常春藤助手的交互展示

行政助理

大部分人都会面对大量的工作任务。那么个人行政助理能协助自动完成这些任务吗？例如，我想知道我能在附近哪个地方吃饭。我很有可能点击美国最大的点评网站 Yelp，浏览许多餐厅的评论，确定一下大致的方向，再找我喜欢吃的东西，或者要求我的私人助理来帮我完成这件事情。一些简单的事情，比如查询当地的天气情况，这可能需要在天气应用程序上点击几下，或者向私人助理发送语音指令。这个私人助理可以像人类一样来完成任务吗，以及它能对我提出的各种各样的需求做出反应吗？事实证明，人力行政助理非常善于处理上述各式各样的需求，但是想要打造一个能以同样的灵活程度自动处理这些需求的代理程序却并不容易。目前有许多应用程序力争成为我们的私人助理，例如，苹果语音服务 Siri、谷歌语音应用 Google Now，微软人工智能助理 Cortana 以及排名网站 Alexa。但是，提供具有认知功能的私人助理却并不容易。

Facebook 已经开始在小范围内公开测试最新研发的虚拟私人助理 M。M 的初期测试报告让人非常满意。M 已经具有订票和点餐功能了，而且在缓解琐碎的任务带给人的沮丧感方面卓有成效。M 是一个虚拟助手，但是它并不是像 Siri 那样的纯人工智能系统。Facebook 很机智地将 M 定位为部分具有人工智能和部分类似于人的系统。这就已经能让你充分想象机器人能够完成的工作量有多大了。Facebook 正在尝试以一种有意思的方式打造它的虚拟助理。为防止自动代理无法及时做出反应，它在后台使用了人工智能和人类的结合（和《绿野仙踪》里的巫师十分相似）。

到目前为止，这些各式各样的助理都在处理成年人的问题。卡内基·梅隆大学认知心理学教授约翰·安德森（John Anderson）根据儿童学习说话的过程创造了几个早期认知语言学习模型。我在约翰教授的课上第一次接触到认知心理学，他讲故事的能力引人入胜。他有很好的实验对象，就是他出生在 1980 年的儿子杰（Jay），那时他正开始学习说话，于是约翰教授决定使用行为认知模型来复制杰的学习过程。杰学习了很多东西，这些东西超出了约翰可用的总磁盘空间，那个时候磁盘空间大小是以兆字节为单位的。很有趣的是，杰最早学会的两个词是“more gish”，翻译过来就是“我想要更多的奶酪”。对于儿童来说，他们会有很长一段时间用一个词来表达自己，然后就是两个词，只有积累了大量经验之后他们才会开始使用长句子。即便他们开始说复杂的句子，儿童的发音也会产生偏差。一个为儿童服务的认知助手必须处理儿童的学习过程，这个过程和成人的学习过程截然不同。约翰·库里奇（John Coolidge）和约翰·保罗·贝尼尼（John Paul Benini）发明了一款由 IBM 沃森软件驱动的玩具恐龙。这款玩具是由开发智能玩具的公司 Elemental Path 和一个叫作智能玩具（Cognitoys）的项目合作研发，这个小小的塑料恐龙能使用语音识别技术和儿童进行对话。除此之外，根据库里奇和贝尼尼的设想，这个玩具还基于每个儿童的喜好和厌恶清单开发出一个智能的人物个性。我将在第 9 章详细介绍智能玩具。

精彩回顾

每个人都逐步沉浸在设备产生的海量数据中。虽然他们拥有很多数据，但是却没有足够的有效信息。使用具有认知功能的设备从这些数据中导出有效信息，对信息进行分析，然后根据结果做出决定，这种方式如何？它是在一个永不停止的具有认知功能的机器支持下实施全面细致的分析，但是是否需要这种方式则取决于个人。在本章的开头，我提到了戴夫·哈斯振奋人心的故事，他凭借惊人的意志力和卓越的耐力骑自行车横穿了美国大陆。具有认知功能的设备通过处理、分析和推荐信息规划他行程中途经的地形、天气和运动信息，这些做出了虽然只有一点但也很重要的贡献，而不是只给他提供原始数据。在他有限的休息时间里，戴夫能集中精力在比赛上，而不会因为比赛策略、技巧和管理任务分散精力。

我在本章中描述了认知设备如何支持人类，包括智能护理助理、购物助理、旅行和娱乐助理以及行政助理。每一种助理都是专攻某一些领域而且能够持续地将三种认知技能运用到用户的任务中以提供协助。这三种认知技能分别是观察和收集事件的能力，总结和分析事件的能力，以及共享和事件融合的能力。通常都是最有组织能力的用户来处理这些信息密集型活动，人工智能助理则很难准确地持续这些任务。人工智能助理使用户能方便地执行任务，而不需要一直规划和收集信息。

我们将在下一章中探讨组织机构如何使用类似的人工智能助理。尽管这些助理执行的任务非常相似，但实际上它们为不同的部门和用例中的组织机构增加和优化了绩效。

第 3 章　认知体在企业中的应用

认知体支持了组织机构中的哪些功能？

认知体如何支持更智能的操作？

认知体能改造产品工程吗？

认知体如何支持情境营销？

认知体如何加速更智能的服务？

认知体如何检测和控制盗窃和欺诈？

有没有这样一种可能，企业的外联部门积极主动地联系差旅事宜，那么在拓展外联团队的时候就可以确定这些差旅资源，企业里负责差旅的部门可以联系当地的酒店要求一定的入住折扣，同时在入住时为每一位员工安排一位管家，企业也会根据项目的出差频率邀请他们加入这个差旅服务小组。整个过程都需要一家旅游公司负责项目的整体进度，并积极主动地提供服务支持。经常出差的人员，无论是销售人员、车队人员还是顾问人员，他们都有特定的需求。

我大半辈子都在出差。对我来说每周出差三到四次是稀松平常的事，每次出差我都得在酒店住上好几天。负责差旅的部门经常发调查问卷给我，以落实像我这种经常出差的员工遇到的一些问题。即使我填完调查问卷，为酒店的服务打完分，那时候我已经在另外一个地方了，早已不住在他们想确定企业关系的那个酒店。出差时的无线覆盖情况是我遇到的最大的问题，我曾非常频繁地到访无线服务供应商的公司驻地，这个问题却一直没有得到解决。有时，我会幸运地到访为我的手机提供无线服务的公司，在它们总部，我看到手机无线信号是满格的，这让我十分开心。不凑巧的是，我还得经常拜访它们的竞争对手的公司，在竞争对手的办公驻地，我的手机无线信号时好时坏、差强人意。为什么我的无线服务供应商要在它的竞争对手附近安装天线？大量的旅行顾问、电力用户和花费较多的消费者并不青睐自己的无线网络供应商而选择使用竞争对手公司的服务，这让我非常惊讶！通信供应商和公司的通信采购部门是否能为长期出差的员工提供积极的服务？

我在上一章探讨了认知体如何能够收集关于用户的数据并支持协同决策。那么我们能把同样的原理应用到企业里具有认知功能的设备上吗？什么样的用例和商业驱动程序能用来促进具有认知功能的设备的广泛部署，从而实现企业协作？部门之间的沟通与协作常常比部门内部困难得多。部门之间的信息流动异常缓慢，甚至是创业初期的小型企业，部门之间的信息流动也很慢。对大型企业来说，需要高质量的信息来做出运营决策。营销部门不会让工程部门的人收集自己的产品信息，而通常会请外面的咨询公司来做这件事，这样更简便。即使已经提供了信息，咨询公司现有的数据的收集、组织和管理方式却不一定适合目标公司，如果无法跨部门整合这些信息，那么这个任务将几乎不可能完成。具有认知功能的设备带来了能够超越企业壁垒的两种重要能力：第一种能力是它们能够观察到更多的关于用户、产品、员工和运营的数据，同时还能将数据在整个企业内共享；第二种能力是它们能使部门之间互相借鉴经验和认知决策，让各部门近距离接触到实时服务于特定场景决策的数据接入渠道。

幸运的是，许多领域都已经开始利用物联网来收集大量数据。在一些案例中，物联网已经嵌入到用户的产品中，比如汽车、家用电器和手机。在其他的案例中，自动化流程部分已经使用了物联网，例如自动化制造、分销和数字化契约。在这些案例中，数据收集平台、跨部门管理或者分析活动也许都已经可以使用。

本章将涉及五个主要的认知体的用例。在第一个用例里，我会探讨更智能的操作以及认知体如何利用它们的传感器收集操作细节，这些细节可以用来改善相关的操作问题。这是一个经典的业务流程优化案例，在这个案例中，认知体提供了信息收集的基本要素以及分析和理解数据，从而改善操作进程。第二个用例是关于更智能的产品工程，这个过程需要收集产品的使用数据和组件故障数据，从而设计出更好的产品。第三个用例和情境营销有关。这个用例能汇总客户信息和产品使用信息，目的是为一小部分客户是否适用产品提供参考。第四个用例是使用认知体改善客户服务。在大部分的售后服务、解决问题或咨询服务中，认知体都可以协助主动关怀，通过收集关于产品的实际用途以及客户使用产品过程中面临的挑战等信息，来改善自助服务的质量。第五个用例和财务功能有关，同时探索了使用认知体减少财报泄露和反欺诈管理的方式。表 3-1 总结了这五种用例。从该表中可以发现，大部分涉及的用例都发生了重叠，认知的基本框架很容易在多种用例中得到拓展。

表 3-1　企业案例示意

公司职能	用例	涉及的实体
运营	流程再造 / 流程改进、基础设施管理	流程缺陷、基础设施

续前表

公司职能	用例	涉及的实体
工程	产品改进、组件评估	产品使用、组件功能
营销	情境推广、广告	360 度顾客关怀、需求 / 要求、购买意图、产品使用、位置
关怀	自助服务	产品使用、位置、当前购买
财务	反欺诈管理、财报安全	360 度顾客关怀、产品使用、位置、当前购买

更智能的操作

在超市购物的时候，人们最烦的是什么？美国克罗格公司的客户调查显示，人们最烦的不是店里播放的难听歌曲，也不是偶尔被挤扁了的面包，而是在结账时漫长的排队等待，这个调查结果促使克罗格公司多年来测试了多种技术性的解决方案，以解决排队时间过长的问题。如果你住在美国一个离克罗格超市比较近的地方，你可能会观察到超市里有一块很大的屏幕，上面显示着预计所需要的收银台数量。通常，可以从三个参数中获取排队过程的平均等待时间：平均服务时间、平均到达收银台的时间和参与提供服务的服务员数量。在超市里，收银台的员工或运营超市的员工都可以重新部署。理想情况下，超市管理者们应该大幅缩减顾客的平均等待时间和这个超市雇用的员工。认知体具备优化这两个变量的能力。

克罗格超市最终打造出了一款合适的技术组合：可视化排队系统（QueVision），它结合了商店门口和收银机上的红外传感器，用来传送来自销售点系统的预测分析和实时数据反馈。从顾客走进任何一个克罗格超市的那一刻起，QueVision 技术就朝着一个目标前进：确保每一位顾客在结账的时候，前方最多只有一位顾客。根据克罗格公司的报告，目前这项技术已经广泛应用到美国31个州超过2300家克罗格超市里，它将原来超过4分钟的平均等待时间缩短到少于30秒。

在这个过程中，通过观察，超市很容易地预测出即将结账的顾客数量。同时，超市还使用信标来计算进入和离开的顾客数量。通过分析一周中某一天或一天中某个时段的历史数据，超市能预测出每一位顾客可能在超市购物的时间长短。将这种预测模型实时地运用到超市里，超市可以预测出接下来所需的收银台数量。靠近结账柜台的电视屏幕里会显示出这些信息，从而在顾客到达收银台开始排队之前，提示超市员工所需的收银台数量。因此，额外的结账通道只有在顾客开始排队的时候才会开放，其他时间只需要几个收银台为顾客提供服务，此时超市员工可以更加关注其他的日常工作。

作为人群管理设备——信标正越来越受欢迎，它也被有效地应用于告知驾驶员停车场特定楼层开放式停车位的数量。然而，信标也有它的局限性。它们无法区分不同类型的顾客，也无法和顾客建立联系。在一个小型场馆中，有许多不同类型的观众聚到一起观看比赛，每个人都有预先指定的座位，他们可以通过指定的入场通道找到自己的座位。如果这个场馆能和观众建立个人关系，那么这种关系就可以用来追加销售、提供食物销售摊点以及赛事重播的信息。接入场馆无线网热点的手机可以作为智能信标来建立一对一关系，还能协助观众更多地参与到赛事中。随着观众步入场馆和有Wi-Fi的区域，使用场馆Wi-Fi的选择就会提供给他们，这个选择能让他们在最短的等待时间后找到自己的座位。从这里开始，Wi-Fi系统能为场馆提供关于每一位观众是否选择了这个无线网的准确信息，同时还能利用这个信息和场馆的应用程序为每一位观众提供个性化的体验。

美国国家橄榄球队迈阿密海豚队的主场——永明体育场，是佛罗里达州南部一个不同寻常的地方，一年只有 65 个小时不举办任何比赛。但是在那段短暂的空窗期中，那里仍然是一个熙熙攘攘的举办过比赛、庆祝活动的地方和消费中心。一年中大概会有 10 次，约有 70 000 名当地居民从附近赶到这个许多人心目中半平方英里的圣地朝圣。曾经有一段时间，在体育场里贩卖啤酒和热狗的营业额为球队增加了一笔十分可观的收入。但是现在，考虑到球迷在整个赛事中的体验，如何增加球队的收入变成了一个十分困难的问题。丹・马里尼奥（Dan Marino）曾入选过美国国家橄榄球联盟名人堂，在迈阿密海豚队做了 17 年四分卫的他知道如何让球迷们一直对球队保持忠诚。马里尼奥解释道，尽管取得比赛的胜利可以让球迷们保持忠诚，但是对球队真正的忠诚来自赛事体验的好坏以及球队有意识地为球迷们带来好的赛事体验。“在比赛那一天，赛事体验从体育馆外就已经开始了——客流量、停车场、快速通关、找到座位以及场馆附近售卖他们最爱的食物和饮料。所有的这些因素都能帮助构建忠诚度。”马里尼奥说道。确实，球迷们除了会为了看比赛在路上来回两趟之外，他们在体育馆内的体验也是由移动性来判定的——抵达体育馆后从停车场出来，穿过旋转门找到自己的座位，然后上洗手间，去小卖部买点零食，最后在比赛结束后回到车上。在移动过程中的任何一件物品，一旦存在摩擦点比如特别长的队伍，都会扰乱以及拖慢整个移动过程，这就会给球迷的满意度和比赛当天的收入带来负面影响。

无线网络和手机能用来收集个人或认知体的移动数据。从信号塔传来的位置信息可以用来观察和分析这些带着手机的人的移动过程。智能城市已经开始创新性地使用移动数据来研究和分析城市道路的基础建设。过去他们一直使用传统方式来观察路况。接下来，内罗毕市的案例会分析，手机如何以更好的规模经济提供十分具有创意地收集更多观察数据的方式。

IBM 公司在非洲建立了第 12 个全球研究中心，这也是非洲第 1 个工业研究中心。这个中心位于肯尼亚和南非，它致力于开发可行的商业性解决方案，从而在交通、水资源以及能源领域改善人们的生活，同时创造新的商业机会。内罗毕是全球发展速度最快的城市之一，这也为城市的各项系统以及基础设施带来了日益增长的压力。专家预测内罗毕市的道路拥堵会对生产力的损耗、油耗、交通事故、空气质量以及其他问题产生很大的影响，最终结果显示，这个城市每天的实际损失高达100万美元。

IBM公司的研究员艾莎·沃尔科特·布莱恩特（Aisha Walcott Bryant）博士指出："传统的交通管理方式依靠整个城市的传感器网络，但是这种网络在道路维修预算缩紧的城市中却不太可能实行。"城市的传感器网络也没有考虑到许多发展中城市常见的一些影响道路交通的因素。例如，很重的货物都会通过低等级的公路来运输，这样道路会产生很多坑槽，结果将主干道变成了单行道。极端天气可能造成一整条道路在一天的某个时间段完全无法通行，这样就彻底改变了运输流量。"许多地方都安装了减速带，但是有些地方的减速带不是官方授权安装的，为了赶进度而没有达标。"坑槽和质量差且没有标识的减速带损害了道路上的车辆，还影响了交通流量，同时这些减速带也没有统一标注清楚它们的位置信息。道路情况对内罗毕市的居民、商业效率以及政府改变现状的能力有着广泛影响。在路况不佳或不明的地方很难有效地实施交通管理。由此会造成道路拥堵以及危险的驾驶行为，这将严重影响市政服务，例如垃圾回收——反过来会造成公共卫生问题以及影响商业往来。

内罗毕市最近购入了一辆超过300万美元的新型垃圾回收车——但是由于路况不佳以及拥堵的交通，这个新卡车并没有达到大家的期望——有效地改善城市垃圾管理的效率。城市管理者们意识到IBM研究中心致力于改善城市的交通问题，环境、水资源、能源、林业和自然资源部门的负责人拜访了该团队，并希望它们能找出一个解决方案。沃尔科特·布莱恩特博士说："当内罗毕市寻求IBM公司的帮助以改善垃圾回收车的工作效率时，我们意识到卡车可以自行通过收集全城路况的可靠数据，从而协助解决交通问题。”

IBM 研究中心的非洲移动团队意识到，关键是找到本地化的解决方案：内罗毕这个城市需要获取关于路面和交通情况数据的方法，而且这个方法不像那种需要巨额投资和维修费用的传统解决方案。

IBM 公司团队想出了一个合理且低成本的解决方案：给许多城市的垃圾回收车安装改进后的智能手机。随着垃圾车绕着城市，手机的传感器（例如加速度计、磁力仪、陀螺仪以及全球定位系统）收集的每一辆垃圾车的位置、速度、加速度和振动频率的数据流都会传送到 IBM 公司的云端分析系统。沃尔科特·布莱恩特博士解释道：

> 我们绘出了城市的数字化地图，提示了会引起驾驶员突然刹车或转向而可能产生危险的地方，例如减速带和坑槽。
>
> 我们也可以看到在垃圾场和路边等处，垃圾车回收和堆放垃圾所需要的时间。这改变了我们对路况、路面拥堵、垃圾管理以及许多其他因素之间的互相影响造成的内罗毕市复杂的交通情况的理解。更重要的是，这为我们如何改善目前的形势提供了很多参考。
>
> 我们在垃圾处理过程中遇到了瓶颈：垃圾车每天都在垃圾场耗上二到四个小时。大部分垃圾车由于路程太远、路面拥堵以及有时得沿着非固定路线执行其他任务，每天只能去一次垃圾场。
>
> 驾驶员每天也需要两个小时才能到达垃圾场，浪费了时间和汽油。我们的目标之一是根据交通等级优化路线将车队管理流程变得透明。这将会帮助城市使用现有车队收集更多的交通信息，从而为内罗毕市的市民创造一个更清洁安全的城市。

这个标有城市危险地点的地图，能够让城市管理者优化道路维修计划。例如，仅仅在一个下属县，数字化地图就已经标出该地 750 个坑槽，这些坑槽不仅损坏了垃圾车和其他车辆，还耽误了它们提供各种服务的时间。“我们还和城市的管理者以及私人公司讨论这些解决方案如何用来为急救服务和运输车辆优化路线，”沃尔科特·布莱恩特博士说，“这个解决方案衍生了非常多的机会——不仅改善了内罗毕市的交通状况，而且为世界上其他出现类似问题的城市带来了解决方案。”这个解决方案通过使用具有成本效益和智能的方法来收集关于路面车流量等信息，同时还能够提供关于道路规划和交通安全更明智的决策，为内罗毕市成为非洲的示范智能城市带来了无限潜力。通过以较低的成本创造能实时获取交通动态、路面情况和驾驶行为的车队服务，IBM 公司和内罗毕市正在向世界展示本地化创新如何提高政府效率，为跨部门的企业节约成本以及创造新的潜在收入来源。

现在让我们一起来探讨一个商用车队的案例。

国际汽车供应商大陆集团（Continental AG）展示了一款具有前瞻性的电子地平线（eHorizon）平台。据大陆集团的统计，有了这款软件之后，驾驶斯堪尼亚卡车的车队从 2012 年起已经节约了超过 6300 万公升的柴油（合 8600 万欧元）。大陆集团执行董事会成员兼车内系统部主管赫尔穆特·马茨基（Helmut Matschi）说：“原则上，电子地平线技术使用地图数据让汽车电子看到了未来的发展趋势。这项技术能提前调整前方的路线规划，主动降低油耗。”

什么是辅助驾驶系统或驾驶决策？举个例子，当车辆的感应器能探测到道路情况的时候，驾驶员需要为前方的交通状况做好刹车和握住方向盘的准备。这需要考虑到很多不断变化的因素，比如天气、突发的交通事故以及交通堵塞。如果驾驶员能提前知道前方的路况，那他们就能及时调整，以更安全、更经济和更舒适的方式驾驶车辆。大陆集团的电子地平线技术使用数字化地图预测前方的路况。它还使用实时数字化地图提升车辆的数字化视野。

通过收集到的关于驾驶过程的数据以及实时更新的地图数据库进行数据分析，让这些地图更准确。除此之外，这些地图通过来自外部的信息，例如道路基础设施或车辆群智感知的动态信息，来扩展和加强其导航功能。

精确的3D地图供应商HERE提供了这些数字化地图。精确的地图和车内良好的连接创造出了无限可能。例如，在了解了道路的整体情况之后，一辆混合动力汽车会更有效地在电力和天然气之间切换，从而为汽车提供动力。这样生产出来的汽车每行驶一千米至少可以减少两克的二氧化碳排放量。除此之外，地图里的准确数据和实时信息通过提供路面拥堵的有效状态，让驾驶员能预先决定备选路线，同时根据前方道路随时调整LED大灯功能，这些信息都能让驾驶体验更愉悦、更安全。最后一点，这个解决方案正在为更激动人心的未来铺平道路，高度自动化驾驶将成为日常生活的一部分，预计最晚将于2020年开始投入实施。增强后的视野能让驾驶员或车辆根据可视范围之外的路况随时调整驾驶方式，这样能减少2% ~ 3%的油耗，从而提高成本效益。视野增强还通过改善发动车辆的方式和更经济的驾驶方式减少汽车尾气排放量。同时，它能根据实时交通信息调整路线，将舒适的驾驶体验最大化。这个视野增强还有一个有意思的应用，它能优化混合动力车的引擎管理系统并最大化地使用电力发动车辆。一路上的交通情况和天气情况都有可能影响到电动车的行驶范围，HERE的3D路线导航和动态信息会在这个方面提供帮助。除此之外，如果混合动力车可以了解动态家庭信息，那么即使内燃机不提供额外的动力，车辆也能行驶得很远。

更智能的工程设计

不论是语音通信、共享文件，还是观看流媒体视频，电信网络都是连接设备协同执行任务的最佳例子。随着电信用户开拓各种各样具有连接性的用例，电信网络在处理应用和负载的变化方面变得越来越复杂。一个坐满成千上万球迷的体育场能在短时间内快速地从一种通信方式平稳地切换到另外一种通信方式。成百上千的球迷可能根据比赛动态发送 Twitter，因此这一分钟 Twitter 的连接可能超载，下一分钟，观众则有可能在观看重播的同时播放来自不同网页的视频。网络元素的精细配置能让通信服务供应商对浮动的通信需求做出反应，同时还能持续提供满格的通信信号，以在提供通信服务的公司中保持领先。对大多数通信服务提供商而言，超额的容量才能满足突然变化的用户需求，但是超额的容量需要额外的资金花费和安装峰值容量所需要的设备。还有一个办法是降低峰值使用量的通信质量，正如许多家庭和酒店住客经常遇到的，在黄金时间都需要有线调制解调器以播放视频。

电信网络元素越来越复杂，网络服务供应商也不断优化它们的软件系统。随着迅速推出的云端技术，这些网络正逐渐转向基于云端的网络，云端中通过软件定义网络，并且使用云端可用的商用硬件来实现通信网络，与此同时，可以通过对有高需求的容量添加更多硬件来满足用户的需求。网络功能虚拟化（NFV）和软件定义网络（SDN）是两项相关技术，它们都为动态配置技术带来了系统性创新，在为通信服务供应商降低成本的同时，还为用户提高了网络质量。网络服务供应商将传感器数据和外部数据源二者结合，用来观察需求变化，它们还能使用最新设计的 NFV 和 SDN 这两项技术支持的组件，来相应地调整网络配置。这些技术以更低的资本成本极大地提升了网络性能。然而，这些技术需要依靠认知体来获取有价值的数据，从而观测网络使用的变化。

大部分数字化产品都是由软件配置的。如果设计得当，这些产品很容易发生改变，能反映出用户的喜好、经常使用的功能、最近使用的方式以及由工程团队编写的任何其他的定制程序。认知体能提供大量的用户反馈，从而驱动产品设计发生改变。过去，硬件设计很难做到定制，但是现在，3D 打印让定制硬件变得简单。现在让我举一个汽车工程的例子，在这个案例中，硬件设计正朝着大规模定制的方向发展。汽车车身设计一直是这几十年来人们重点关注的领域。自从福特公司推出了 T 型车之后，汽车生产商为能创造出标准化的车身而感到十分自豪，虽然这个标准化车身花费了很多精力才生产出来，但是可以在流水线上快速地组装，汽车修理店也能很快找到新的车身，以更换受损的汽车。如果我开一家比萨店，买了一辆汽车用来送外卖，接下来会发生什么呢？我很有可能买一辆四门轿车，用车后座来堆放比萨。这辆车永远都不需要载客，但是它又具备一切载客轿车的功能。我们能把这辆车改造得更好吗？

对此，美国洛克汽车（Local Motors）公司提供了汽车 3D 打印服务。它能提供个性化定制汽车的设计和制造服务。这家公司使用五段式流程，为达美乐比萨（Domino' s Pizza）生产了一辆具有 35 立方英尺[①] 的比萨存放空间的汽车，同时车内还配备一台能将比萨持续保温高达 60℃的烤箱。第一个阶段是设计达美乐比萨的最终交付车辆（UDV），这辆车的出现将会为美国的比萨配送带来永久的革命性改变。第二个阶段需要项目参与人员朝着一个共同的目标齐心协力，来完成这个挑战。第二阶段的目标是选择一个已经存在的车辆平台，然后根据比萨配送的特点进行个性化改造。第三个阶段是通过重新设计汽车内饰，最大限度地装载配送员、比萨、调味品以及其他达美乐菜品，到达顾客指定的用餐地点，从而将雪佛兰乐驰这个车型改造为最终交付车辆。第四个阶段是敲定最终交付车辆的大体设计，然后进入表面建模的阶段。第五个也就是最后一个阶段是制造出这辆与众不同的汽车的雏形。

---

① 1 立方英尺≈0.0283 立方米。——译者注

这辆具有特定功能的汽车，其中一个主要的特点是配有一个车载烤箱，位于改装后的后门处驾驶员那一侧。即使是在零下气温里的远距离配送，这个烤箱也能让比萨一直保持较高的温度。这辆车完全撤掉了后排座位，使货物空间最大化，从而可以配送更多的订单。目前洛克公司的 3D 打印设备正在生产这些定制汽车。

3D 打印技术生产出来的汽车能实现无人驾驶和认知功能吗？ Ollie 是首款无人驾驶汽车，其利用 IBM 沃森物联网的基于云认知的计算能力，对嵌入整辆车中的 30 多个传感器所提供的大量交通数据进行分析和学习。洛克汽车公司开放式的车辆开发流程，允许公司基于乘客需求和当地习惯相应地添加并调整传感器。除此之外，该平台还利用四个沃森的开发者的应用程序编程接口（API）——语音到文本、自然语言分类、物体识别以及文本到语音——实现车辆与乘客之间的顺畅交流。

乘客将可以一边乘车，一边通过对话的方式与 Ollie 交流，例如讨论该车是如何做到自动驾驶、如何选择路线以及为什么会做出各种非常具体的行车决策等。沃森赋予了 Ollie 这种能力，使它能够理解并回答乘客从上车那一刻起提出的各种问题，包括关于目的地的问题（“Ollie，你能载我到市中心吗？”），或者具体的车辆功能的问题（“这个功能有什么作用？”或“我们已经到了吗？”）。乘客还能要求 Ollie 基于对其个人喜好的分析结果，为其推荐在哪一站下车去往哪一家受欢迎的餐馆或历史名胜等。这些和 Ollie 的互动旨在给乘坐无人驾驶汽车的乘客提供更加愉快、舒适和直观的交互体验。

你将会在路上看到越来越多大规模定制的汽车。精心设计的探测器将从现有的汽车中收集使用体验，为能够生产个性化定制车辆的快捷设计过程提供大量所需要的数据，这些定制更加适合有特定用途的车辆。这些车辆通常还有其他的设计特点，这些设计特点将根据实地反馈进行现场测试和选择。

图 3-1 由 IBM 沃森系统支持的第一辆无人驾驶汽车 Ollie

[里奇·瑞金斯（Rich Riggins）/ 针对 IBM 的特色照片服务]

在一个典型的工程流程中，用户反馈需要大量工程人员来精心收集和整理。一个产品的设计流程是缓慢且需要深思熟虑的。尽管工程师们有现场数据，但是他们通常必须用自己的直觉来决定对产品的全新想法将如何在市场中得到拓展。许多新的工程流程需要突破长久以来形成的固定模式，在这个过程中认知体能够加速很多流程，使得产品使用成了工业设计流程的中心。

目前，IBM 公司正在推广“设计思维”，这是工程设计领域具有革命性的新方式，它将 IBM 公司的设计方法转化成了产品设计。我参加过很多次这样的设计过程，不仅有内部产品开发还有 IBM 公司客户的产品开发。设计思维为团队协作和决策提供了框架。这个过程注重用户成果，雇用跨学科的团队来设计产品，并通过样机研究不间断地实施产品再造。在美国的所有企业中，使用设计思维开发产品、引导策略以及做出各种决策的热情正不断上涨。

在这些设计任务中，IBM公司采用了设计思维，通过发掘产品用户的理解和同理心来构建产品的功能。随着信息收集速度和产品工程流程的加快，工程机构目前有机会对产品设计快速地做出基于需求的改变，通过现场实验尝试许多设计方法，同时根据现场反馈优化产品配置。认知体为我们提供了收集目前产品有价值的使用数据的能力以及新设计的原型系统，能够在对比用户体验后，利用用户体验数据彻底完善产品。

情境营销

最近几年，基于行为定向的大数据源和高级分析技术在不断增长。尤其是来自物联网的使用数据和地理位置数据，正得到越来越多的特别关注。网络探测为更细致地获取无线网络使用数据开创了一条全新的道路。无线服务供应商可以访问许多高速数据源，它们对优化这些数据供自己及第三方机构使用十分感兴趣。整理所有的网络数据并于恰当的时机在有效的模式下采取行动，能为许多一级无线通信服务供应商带来重要的发展机会。

迪拜领先的通信商——阿联酋电信公司通过分析用户的地理位置数据来了解他们的出行方式。除了移动模式的数据之外，阿联酋电信公司还观察其用户浏览媒体的习惯，在获得用户允许之后，它们能够跟踪和提供各项营销活动。通信商还和本地的零售商合作，旨在了解那些商场的客户，并根据购物中心顾客的移动模式制定特定场景下的小型促销。下图中的一个场景展示了基于移动模式、用户兴趣和当前位置产生的小型宣传活动（图3–2）。

在广泛的细分市场通过广播的形式投放营销宣传活动，不仅昂贵，而且收益率很低。许多消费者组织都为更细致地锁定目标顾客而采取智能宣传活

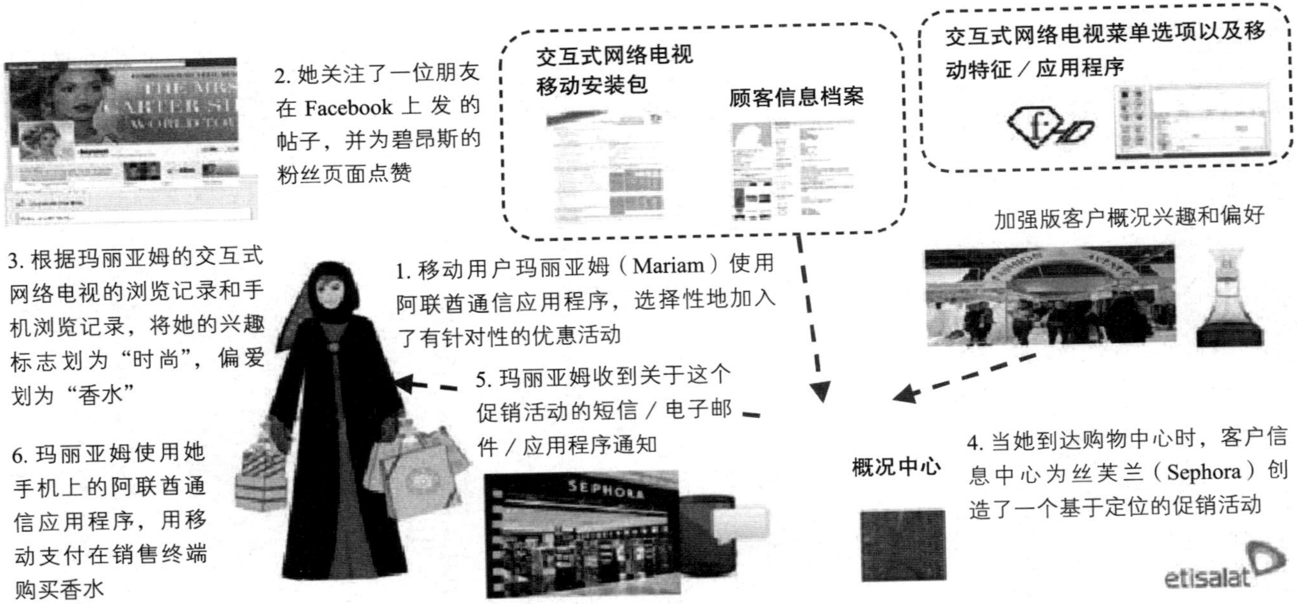

图 3-2 阿联酋通信公司的地理位置数据货币化过程

动。它们针对特定的消费者，将自己的宣传活动个性化，通过顾客的反应获得如何改进宣传活动有效性的反馈。网络广告促进会（Network Advertising Initiative）在 2010 年进行的研究得出了三个主要结论。第一个结论是行为定向（BT）广告通常需要支付更高的广告费率，其平均价格刚好超过网络投放（RON）广告平均价格的两倍。根据参与投放广告的网络的平均水平，2009 年行为定向广告的价格是网络投放广告的价格的 2.68 倍。第二个结论是基于行为定向的广告比在网络投放的普通广告成功率更高，为消费者创造更大的效用，并为广告商带来了显著的吸引力。行为定向广告的转化率是网络投放广告的转化率的两倍多。第三个结论是大部分网络广告收入用于从网络内容和服务供应商处获得广告资源，使行为定向广告成为广告发布商和广告网络的重要收入来源。

移动广告是个大生意，它为行为定向广告提供了一个很好的渠道。2015 年，为了在移动设备上将广告投放给目标受众，广告商花费了 287.2 亿美元。根据电子营销商估计，这笔花费超过了 2014 年广告费用的 50%。但是正如许多数字广告渠道所常见的，虽然这些渠道提供了可衡量性和不断增加的效能的前景，但是业绩评估仍然是一个挑战。为了使宣传活动的有效性最大化，宣传活动管理系统应该找到一个微区段并根据个体偏好个性化定制宣传活动。

随着认知体的发展，行为定向的机会和伴随而来的挑战都将逐渐发展起来。要想主动把握住这样的机会，就要考虑两项具体的挑战。第一个挑战是数据流必须能够接受以极快的速度传递海量数据。这个体系结构需要使用先进的技术过滤以及聚焦符合特定条件的数据。第二个挑战是通过历史分析收集的情报必须在各个要素之间共享，以便在动态的环境中学习并从过去的行动中反馈情况。机器需要学会共享情报从而模仿人类的学习过程。

积极的客户服务

想象一个场景：一位通信用户搬到一个新的地方，那里的网络信号很差(如图3–3所示)。当他决定换一个运营商时，他打给现在的通信服务供应商以确定多久才能停止目前合同上的服务。代理商浏览完他的账户之后，发现这位用户搬到了一个新地址，可能是他的居住地，而且这个地方信号很差。于是代理商问用户是否对使用扩展器扩展网络的产品感兴趣，这个产品可以提高信号很差区域的网络性能。由于他很满意代理商提供的其他服务，因此决定使用网络扩展器，而不是使用竞争对手的通信服务。

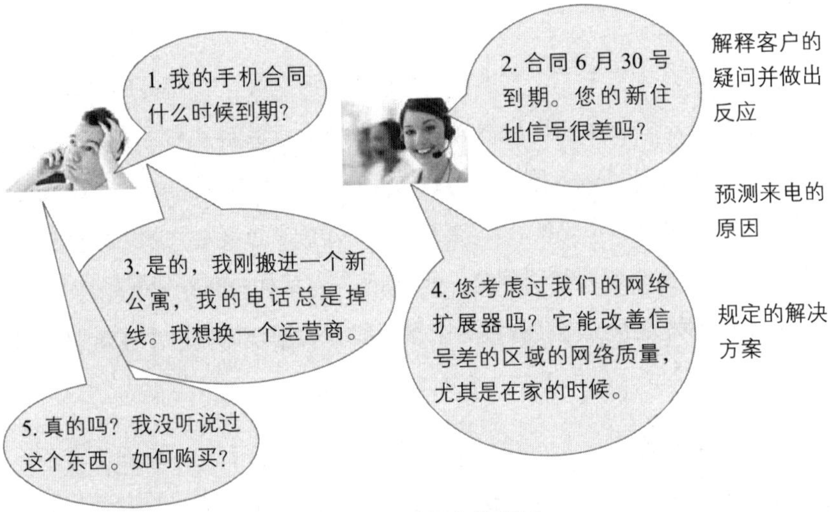

图3–3 主动服务的场景

数字化智能体可能提供结合三种技能的互动吗？这三种技能包括与客户对话的能力、预测来电原因的能力以及访问和执行规定的解决方案的能力。

如果无线服务供应商能够意识到一位重要用户搬到了新的住所，并且那里提供给用户的服务质量很差，那它们应该等用户打来电话吗？很可能出现的情况是，用户永远都不会给供应商打电话，接下来，无线服务供应商便失去了这个用户。如果用户打来电话，理想的呼叫流程是什么？当前，大部分服务供应商都是等着怒气冲冲的用户打来电话，而且没有深挖来电的原因就匆忙回答用户的问题。我们能不能把对用户服务的体验上升为主动的用户关怀？手机为无线服务供应商和用户二者之间创建了一个直接的联系，通过使用手机的应用程序通知，数字化智能体甚至能在用户给供应商打电话之前便和用户取得联系。

虽然我使用自然语言描述了呼叫中心的一个来电场景，但它也可以很容易地在服务供应商的网站或智能手机的应用程序上重新进行会话，这样的交流同样可以由菜单和图形驱动。这个场景的关键在于，智能体使用传感器数据来判断用户不满的真正原因，并参与关于网络质量问题的积极对话。第一个类似这样的对话可能发生在人类主体和用户之间，同时数字化智能体仅仅只是一个记录所有成功互动的观察者。等到下一个用户打来电话询问相同类型的问题时，数字化智能体能够通过学习之前的成功互动，使用人类主体成功运用过的技巧，将当前的问题转化为一个销售机会。具有认知功能的智能体通过学习过去互动的经验与教训，根据现场成功的经验完善规定的流程。

用户服务通常由呼叫中心完成，这是互动的最后一步。海外地区通常使用外包代理，用户机构管理着大量的用户来电。由于好的客服代理流动性太大，很难找到和留下优秀的客服代理，因此用户服务机构难以建立和保持良好的规定流程。通过使用呼叫中心的日志、其他渠道的互动数据和用户使用信息，具有认知功能的智能代理会把积极的服务模式整合起来，逐步将体验转移到更主动、更高效的渠道。在许多案例中，全新的数字化渠道不仅提供了高效且高质量的互动，还能在降低渠道费用的同时显著改善用户体验。

当用户无法再忍受产生故障的设备时，就有可能流失。用户不会选择更换设备，而是会选择更换运营商。为了减少用户流失，服务机构应经常替换被认为是有故障且这些问题不能被追踪或修复的设备。如果问题出在服务方面而非设备上呢？当用户带着新设备回家，同样的故障却再次出现，服务供应商面临的是用户退换根本没有出问题的产品。那么这是产品出了问题，还是诊断过程出了问题呢？

随着产品变得越来越复杂，它们需要一个完整且具有认知功能的诊断过程——这个过程使用大量的现场传感数据，学习和模仿提供最佳服务的专业人士，并随着产品和环境的改变而不断发展。大多数决策树驱动的诊断过程并没有充分涉及产品诊断的完整性，而且通常会引起用户不满并发生无故障产品的退换。主动客服的一个主要好处是查明性能下降的真正原因，并在这个问题激怒更多用户之前保持持续关注。

反欺诈管理

反欺诈管理团队为服务提供者隔离和屏蔽那些窃取、进行非法交易的欺诈者，这样只有很小一部分交易是欺诈性交易。然而，从通信欺诈管制协会（CFCA）的报告中可以看出，仅通信服务提供商的损失就高达 52.2 亿美元。不幸的是，许多行业（例如信用卡、汽车保险、健康保险等行业）正在经历逐渐增多的通过身份盗用实施的欺诈行为。虽然反欺诈管理者们想方设法保护机构免受已知诈骗模式的影响，但是诈骗分子还会不断发现新的流程和制度漏洞，发明新的诈骗方式。欺诈管理功能怎样才能使检测和防范诈骗的软件变得更敏锐，并在造成收入过度损失之前停用欺诈性服务？

认知体为找出这些欺诈分子提供了有效的方式。通过捕捉所有的使用方式，认知体可以为反欺诈部门提供有意义的观察结果，比如产品使用不一致或在某些情况下不合逻辑。例如，诈骗分子盗窃智能手机用户的身份，在数千英里以外的地方进行欺骗性购买。反欺诈系统可以同时确定客户似乎在两个不同的位置。通过位置和使用信息，交易可以根据数字化签名进行监控，这是基于典型的使用方式和移动模式的客户身份。随着越来越多的认知体被整合，签名会变得越来越复杂，使得诈骗分子很难复制这些签名。

精彩回顾

我们在本章中看到了认知体协助组织机构的多种功能形式，包括操作、工程、营销、用户服务以及反欺诈管理等方面。在每一个案例中，我都使用了一系列案例来说明认知体如何收集数据、根据特定的功能整合数据、开发可供参考的模式，并提供应用参考模式来改善组织功能的方式。在更智能的运营这个案例中，认知体收集很多关于组织机构的有效运营数据，并在做出关键决策之前分析数据，从而协助制定运营决策，比如安排销售终端员工的方式，再比如为城市提供更好的路况管理。不论是通信网络的网络配置还是一辆汽车的整体设计，产品使用数据都能用来优化产品的设计。关于位置和产品使用的数据能应用在情境营销中，因此可以在适当的时间提供有意义的促销方式。组织机构能应用认知体预测客户失望的原因，同时为他们提供积极的客户服务。最后一点，认知体能用来检测欺诈行为和避免欺诈行为造成的收入损失。

我们将会在第 4 章中探讨这些数据如何在外部被重复使用以及这些数据如何变现并被出售。

第 4 章　利用认知体实现数据变现

1989 年上映的电影《回到未来 2》(*Back to the Future II*)，讲述了一位时空旅行者穿越到 2015 年，并对 2015 年出现的许多新发明啧啧称奇。当 2015 年真正到来时，影迷们纷纷将目前的情况和电影中的场景进行比较。虽然这部电影在描述交通方式是飞行汽车方面出现了误判，但是对 2015 年的预测包括天气预报及其精准度的提升，编剧都做出了正确的预测，不过他们可能永远也不会想到天气预报会取得如此大的突破。如果当时他们恰好预测到了，那么这部电影里就会呈现出许多为天气预报提供数据的认知体。

随着认知体不断收集和整合数据，它们成为了云数据服务的重要数据源。天气是展示云数据服务的最佳案例，云数据服务可以让大量的新用户重复使用数据并将其货币化变现。变现进程的不断推进带来了新的收入来源，从而补贴了搭建数据收集和整理的基础设施。最终的结果是由消费者获取的数据为认知体提供补贴。

天气信息显然非常值得分享。在任何一种文化中，天气通常都是人们交谈时最愿意探讨的话题。收集天气信息比收集其他类型的信息更明确。有许多物联网收集位置信息，但是个人的地理位置与天气相比显然更加私密。与此同时，汇总特定地点的地理位置数据可能相对更容易共享，并且这种数据能提供有意义的关于社区的移动数据。媒体浏览是另外一个经常测量和共享的参数。在这种情况下，广告商已经将浏览媒体的方式货币化，用来补贴媒体出版物的花费。观众则习惯观看广告，以换取媒体提供的补贴方式。随着万维网的普及，它利用这一补贴为很多媒体相关的功能奠定了基础。大部分订阅电子邮件的套餐计划提供免费的电子邮件服务，作为在邮件中附带广告的交换条件。随着认知体的不断普及，通过数据作为补贴而使用认知体的方式也逐渐流行起来。比如，许多健身应用程序利用一种商业模式为其用户提供免费服务，这种模式是利用用户及其使用应用程序的数据来推广相关的产品和服务。

我们将在本章中看到许多涉及认知体在不同方面的重复使用和货币化变现的案例。首先，我们会探讨一些已被变现的常见数据来源，即天气服务、媒体浏览和定位以及我们参与数据消费的用户。接下来，我们会看到货币化代理人——数据生产者、消费者、市场以及管理和整合数据以换取部分变现收入的组织者。最后将讨论变现带来的挑战以及改善变现商业模式所需的认知功能。

气象服务

暴风雪天气比较棘手，准确的天气预报必须有能够处理特殊情况的周密计划。亚特兰大市几乎从未经历过暴风雪天气，所以当暴风雪这种罕见的天气情况发生时，这个城市就会陷入困境。在 2014 年 1 月那场可怕的暴风雪来袭之前，亚特兰大市已经做出了准确的预测。为了准备好迎接暴风雪，亚特兰大市关闭了所有的学校和企业。不幸的是，暴风雪将街道都冻成了溜冰场，同时，大量地关闭这些机构导致亚特兰大市出现了史上最糟糕的交通拥堵，几乎每个人都堵在想方设法回家的路上。暴风雪过后，市长承认了自己在这次事件中的失职并得到了一个昂贵的教训——那就是如何在暴风雪天气分步骤规划和疏导路况，从而让大家在天气最恶劣的时候不用经历交通拥堵就能安全回家。

下雨和大风呼啸时，顾客可能取消或推迟购物行程以避免可能的风险。因此，大气层的条件意味着火热的购物季和不符合预期的购物季之间的差异。此外，天气情况可能会扰乱零售业价值链中的供应商、运货商和其他组成部分，让为即使天气很差却依然出现的顾客提供服务这件事情变得十分困难。天气情况甚至可以通过触发顾客情绪的微妙变化来影响营业额，正如长时间身处热浪之中带来的无精打采和疲惫感。美国天气公司（the Weather Company）提供了许多天气情况影响消费者行为的有趣事例。传统的看法是，冰淇淋的销售量会随着天气逐渐变热而增加。但实际情况是，当气温超过 25℃时，超市里冰淇淋的销量反而会下降，因为顾客担心冰淇淋会在半路就化掉。当气温超过 20℃时，苏格兰的烧烤销售额上涨了 3 倍，但是在伦敦，要达到这个涨幅，数值得是 24℃。

我非常荣幸去年能听到大卫·肯尼（David Kenny）的一次演讲，他讲述了一个引人入胜的关于美国天气公司的故事。IBM 公司对这家天气公司印象深刻，并在 2015 年 10 月收购了这家公司，目前大卫是 IBM 沃森产品系列的总经理。他向我们解释航空公司如何同时成为气象数据的消费者和使用者。当飞机在 3 万英尺[①] 的高空气穴中飞行时，在控制飞机的同时还要考虑乘客的安全和舒适度。当飞机经过气穴时，飞机收集到的信息对在同一条航道上飞行的其他飞机十分宝贵。每一架飞机收集和处理关于气穴的信息，

① 1 英尺 = 0.3048 米。——译者注

再将它们的观察数据提交给天气公司。天气公司处理全球所有参与的飞机收集到的数据，组织好数据并让其可供使用。由于在飞行途中会提前收到遇到气穴的信息，因此飞机是直接受益者。在整合这些信息的过程中，飞机和天气公司都在感知、过滤、汇总以及重构这些数据，从而使它们能被更好地利用。

除此之外，从飞机那里收集到的信息能让天气公司更精确地找出 63 英里的垂直大气层。如果没有飞机提供的这些数据，想要掌握风向就会变得更难。天气公司也增加了许多数据站点。过去，天气信息基本上根据全球多个政府设立的 8000 个数据点汇总的数据得来。而在不断发展之后，超过 17 200 个个人报告站点开始为天气信息提供数据。随着天气公司越来越擅长从各种渠道汇总数据——飞机、已联网的汽车、建筑物等——天气公司能通过 22 亿个地点分析这些数据。目前，平均每天有 150 亿次预测，最多的时候可达到 260 亿次。

天气信息促进了很多创新服务的发展。考虑一下冰雹对车辆的损害。我曾经在丹佛市居住，那里经常会下冰雹，大冰雹能在我的车顶上砸出大凹痕。我还和汽车经销商聊过天，他抱怨说一下午的冰雹就摧毁了他车库里所有的汽车。如果下冰雹之前能有通知，他就可以把所有的车辆转移到安全的地方，从而避免巨大的损失。当客户和企业查询天气时，主动告知当时的天气情况对保险公司来说具有十分宝贵的价值，保险公司需要赔付冰雹给客户带来的损失，它们既可以通过主动通知客户来避免冰雹灾害，还能让呼叫中心有权处理由恶劣天气引起的保险索赔的额外呼叫电话。

天气预报员的工作也很困难。他们的预测会由实际发生的情况来验证，从而提供了一个十分有效的反馈循环来反映天气预报的质量。渠道多样的群智感知提供了更多的源数据。组织和完善这些数据同样重要。正如电影《回到未来 2》中所呈现的，这些都是准确的实时信息，可以即时访问由世界一流的气象组织分类和组织后的群智感知数据。

媒体收视率服务

随着商业报纸和杂志的不断发展，它们开始将投放广告作为一项收入来源，由此可以减免用户的订阅费。电视行业也采用了同样的方法，在全国范围内的黄金时段同时也是广告商花高价买下的时段投放电视广告。几十年来，电视制作人依靠观众收视习惯的对照样本来衡量电视节目的受欢迎程度。这个对照样本的采集首先要通过电视节目上映初期的广泛调查收集数据，接着是通过放置在电视机样品上的特殊设备来获取数据。尼尔森调研公司在物联网出现之前就开发出了电视监控服务。其检测服务取代了易出错的人工报告，并提供了可以从一个明确的小样本观众群体收集观众行为的机制。

随着有线机顶盒（STB）和支持有线、卫星产业的数字网络的发展，有线电视运营商可以从所有能提供这些信息的机顶盒中收集频道浏览数据。因此，收集数据的规模已经变得越来越大，为市场营销人员提供了曾经无法获得的更深入的分析见解。因为这些信息能和许多微数据段变量有关的频道联系起来，所以它们是有价值的。

电视的有线机顶盒提供的数据可供整个家庭使用，但是移动设备的内容数据只能供个人观看。现在用户在两个平台上都可以观看节目，有时还能同时使用两个平台以获取更完整的信息。这些数据是从设备里收集的，并与编程数据关联，从而确定客户观看电视的时间。如果我使用双向机顶盒收看电视节目，供应商可以随时访问我浏览频道的行为记录。当开始播放广告的时候我切换频道了吗？调高或调低电视音量了吗？用户看完电视之后去工作，却不关电视的情况会发生什么吗？在分析节目收视率的数据之前，需要清理大量的数据。有线机顶盒是根据地理位置放置的。如果我们知道某个社区里人们看电视的习惯，那么这些数据可以用来分析将哪些特定的信息发送给这个社区。有线机顶盒的使用数据、数据整合和关联性可以用来分析其位置信息。

目前，随着对有线机顶盒里收视率数据的应用，有线电视运营商有意向为市场营销人员提供电视观众的数据。在美国，它们的第一个主要尝试是独木舟计划（Project Canoe），该项目由六家有线电视运营商合作完成。这是为了配合谷歌和美国卫星电视运营商艾科斯达通信公司（Echostar）形成合作关系，让客户可以在迪什（Dish）网络上使用卫星观看电视节目。很可惜的是，独木舟计划并没有达到其最初的目标。六年后，该计划的目标被缩减为以视频点播的方式提供交互式广告。虽然独木舟计划没能把所有的功能放在同一个页面上，但是它在某种程度上证明了这个概念。它发布了一项与美国广告协会联合进行的研究结果，有 4200 名有线电视用户在本田、富达、葛兰素史克（GSK）和州立农场（State Farm）等品牌展示互动广告时，表现出了更高的产品接受度。这项长达一年的研究表明，从 18 ~ 49 岁这个年龄段里，19% 的用户能接受电视节目里出现互动广告，同时有 36% 的人表示有意向购买广告里提到的那些产品。

与此同时，交互式视频的市场也在不断扩大，这也成为媒体和广告研究的新渠道。与线性电视（在电视上播放）不同，交互式电视感知装备良好，通常被称为“非线性的”。视频内容管理人员跟踪记录每一位用户的浏览细节。随着非线性的内容越来越多地出现在移动客户端，用户的位置将可能不再是静止的。最后一点，交互式浏览模式一般在个人观看时使用较多，全家人一起看的时候使用较少。在我家交互式视频极大地减少了以传统模式看电视的时间。独木舟计划最后终于找到了用武之地，就是将自己定位成提供交互式电视研究数据的渠道，因此得以幸存并获得成功。

数据和视频的在线浏览都会受到严格审查。数据管理平台，例如蓝凯（Blue Kai，目前被甲骨文公司收购）、Adobe、Aggregate Knowledge（目前被美国科技公司 Neustar 收购）、CoreAudience、Knotice（目前被数字营销公司 Ignition One 收购）以及 nPario，跟踪和分析来自互联网使用者的大量数据。市场营销人员十分想要了解各种类型的电视观众及其历史浏览记录，包括社交、移动、展示和搜索。这些数据能潜在地通过目标广告或其他方式与消息传递相结合。随着移动平台的兴起，这些数据还可以与地理位置数据相关联，从而分析和挖掘地理信息的差异。

位置服务

移动平台已经贯穿整个购物流程，为用户提供关于商店的更多信息选择。在提供 Wi-Fi 服务的商店里，这些能定位的手机可以将定位精确到 20 码[①]以内，从而可以通过手机访问营销人员推荐的有关产品的更多信息。顾客还可以使用手机进行对比再购买、寻求建议、比较价格和寻找力度不同的折扣信息。为了采取应对措施，商店正在积极地使用手机做定位营销、移动优惠券、积分卡和相关影响活动。由于移动设备具有定位功能，因此可以用于主动提供基于定位的营销信息，此外，公司正在使用移动设备开发的交互式营销项目。例如，Foursquare 会鼓励我记录下我所访问的一组商业广告。

① 1 码≈0.91 米。——译者注

它为我的每一次访问赠送积分，当我成为最频繁地访问某个特定的商业地址的人时，它就会奖励我“市长”的头衔。每次我去附近最喜欢的寿司店——东京乔（Tokyo Joe’s），我都会在 Foursquare 上记录下来并获得相应的奖励积分。可能 Foursquare、东京乔以及其他的寿司店都能利用这个信息，以吸引我下次到它们店里用餐。

我们去哪里都拿着手机，现在已经开始用它看电影、浏览社交媒体和处理事务。市场营销人员如何收集、组织和分析地理位置数据呢？一部手机由一系列手机信号基站提供服务，其特定位置可以通过离它最近的基站用三角测量推断出来。除此之外，大部分智能手机能够提供全球定位系统（GPS）给出的更准确的位置信息（最大误差不超过 20 米），但是这个系统非常耗电。在营销案例中，大部分时间由信号基站提供位置信息，偶尔使用 GPS，这就已经足够了。位置信息包括经度和纬度，合理地存储它们可能需要大约 26 个字节的信息。如果我们为 5000 万名用户按照每分钟一次的频率更新位置信息，那么他们过去 24 小时的所有位置信息的数据量大约是每天 2 太字节[①]。这是典型的一级无线服务供应商的位置服务器中存储的数据容量。虽然这个数据量非常庞大，但是它可以在快速汇总后只保留有意义的信息。

经度和纬度的数据本身就很难分析。我可能需要了解数据的细粒度以及近似度的度量方式，由此我可以推断出一个人在哪个地方。如果我想得到一栋大厦里的人数的数据，那就需要对位置进行简单的标定，这样就可以数出人数了。虽然用户们经常四处移动，但是他们是被习惯支配的生物。几个经常去的地方会经常出现在他们的位置信息中——可能是家庭地址、公司地址、和朋友见面的地方。位置和用户数据能根据个人常去的几个地点，以及在这些地点使用了手机的几个特定的功能，来创建一个人的身份。这种方法

① 太字节（Terabyte），计算机存储容量单位，常用 TB 来表示。1TB=1024GB，约 2^{40} 字节。——译者注

能鉴别出经常在几个品牌间来回徘徊的顾客，从而为他们提供奖励机制，激励他们成为一个特定品牌的固定客户。

位置信息可以在不同级别的精确度下生成。上文中提到典型的由信号基站提供的数据精确度在 1 千米到 2 千米。不过无线用户经常依靠 GPS 在手机上寻找方向。虽然以手机电池快速耗尽为代价，但是通过 GPS 生成的地理位置数据能由 8 字节代码独特地呈现出来，而且误差小于 20 米。当用户在体育场使用 Wi-Fi 定位的时候，也能达到相似的精度。Wi-Fi 定位提供的地理位置数据还有一个优点——它不仅不耗电，而且改善了手机接入互联网的能力。一个公共聚集场所（比如体育场）可能会为观众提供免费 Wi-Fi 以确定他们的地理位置数据，也能利用这些数据达到许多运营和营销的目的。举个例子，体育馆可能为观众提供基于观众当前位置、座位位置、各个入场口的位置以及各个入场口的排队情况的信息，为其提供最佳的入场建议。一旦观众中有人的手机定位在体育馆，他 / 她不仅能看到大屏幕以及屏幕上的信息互动，还能反馈他 / 她根据自己的定位信息投放的广告的购买兴趣，这个过程中会产生很多有意思的营销机会。通过将更多信号基站数据与 Wi-Fi 数据相融合，我们现在可以将顾客的行为特征（长期看电视不出门的人或经常购物的人）与顾客的购物行为（访问每个通道的时间或者访问好几个通道的时间）相结合。精明的数据科学家还可以使用聚类算法，通过找到个体所遵循的相似移动模式来建立微区段。其中一些是根据人们到相似的地方建立的。然而，更复杂的微区段是根据不同位置的移动模式建立的。例如，一个统计程序可以找出周末十分活跃的高尔夫球手，他们周末起得早，周六上午在高尔夫球场露面。这些高尔夫球手可能会出现在全球不同的高尔夫球场，但是他们在一周内上午的移动模式很相近。高尔夫公司、高尔夫度假村和休闲旅游行业都对这个微型细分市场非常感兴趣。

位置信息和情境营销

预付费的无线市场在日益扩张的市场上具有相当强的竞争力，典型例子是无线供应商销售用户身份识别（SIM）卡，而这些用户的设备可以使用来自多家竞争供应商销售的多张 SIM 卡。在大部分情况下，消费者直接从手机制造商那里购买他们的移动设备，而电信运营商出售 SIM 卡让这些设备能够使用它们的网络。如果消费者用完了 SIM 卡里的通话时长，那么他会寻找 SIM 卡零售店并购买可能隶属于另外一个电信运营商的新 SIM 卡，因此便造成了所使用运营商的品牌更换。然而，每一家电信运营商为每个用户提供了剩余通话时长的可用余额，并可能提醒用户在余额较低以及附近有一家 SIM 零售店的时候及时续一张 SIM 卡。智能的宣传引擎可以跟踪地理位置数据和剩余通话时长，从而能在恰当的时间正确地开展宣传活动。随着电信组织在运营基于位置的宣传活动方面变得越来越精明，它们正在与其他营销人员合作运营自己的宣传活动。

我希望我的汽车同样也能做到这些。但在大部分情况下，当我驶过一个加油站之后，我才看到仪表盘上提示油箱已经空了。如果汽车有一个充分了解加油站位置的导航系统，只要它知道我目前的位置，就能在汽油耗尽前给我发出信号。只要这辆车具有将来自两个渠道的三项数据整合的附加能力，我可能就不会再经历担心汽油耗尽前找不到加油站的紧张情绪。

使用地理位置数据的许多消费者还包括对情境营销感兴趣的营销人员。这种情境营销是如何运作的，它和传统的营销又有何不同？消费者可能非常有意向购买那些针对他们做促销活动的产品，但是很多时候也有可能面对促销活动无动于衷。例如，让我们看看消费品的优惠券这个例子。以前这些优惠券都是以印刷品的形式投递给顾客，例如星期天发行的报纸、优惠券小册子。通过这些渠道印出了很多优惠券，但可惜的是，顾客并没有看到这些优惠券。并且，成功吸引顾客注意的那几张珍贵的优惠券只有很少的机会能被使用。顾客需要裁下优惠券，将它带到商店，找到商品，最后兑换优惠券。在这个过程中，每一步都有可能丢失优惠券。电子优惠券的出现，弥补了这项不足。高朋网（Groupon）提供的优惠券可以通过智能手机上的手机钱包进行管理，并且还能兑换，从而减少了顾客去购物点需携带的物品。使用智能手机在超市购物能使自动兑换优惠券发展得更好。如果超市能提供Wi-Fi，就能跟踪顾客逛超市的情况，同时智能手机还能鉴别出做了推广的商品放在哪些货柜上。在购物快结束的时候，顾客可以将手机连接到销售终端，让优惠券自动加载出来以便兑换。广告宣传的成功意味着可以追踪到所有客户，同时还能用于精确调整广告宣传的定位。跟踪不太可能响应广告宣传的客户并提高宣传的收益率也是有可能的。除此之外，广告宣传对消费者的影响能通过实验设计进行研究，正如营销人员可能测试针对目标市场的不同分组采用不同的宣传方案，从而比较它们的效果，选择能达到最佳效果的那一个方案。

像上文中提到的高朋网这样的中间商，正在利用所有可以利用的数据来定位客户。它们从各种渠道获取地理位置数据，对这些数据进行梳理，从而确定自己有意向的细分市场并为目标客户提供情境营销服务，目的是尽可能地将需求和供应匹配起来。如果营销服务能够定位汽车汽油即将耗尽的客户，并将他们带到所在区域里特定的一个加油站，这样的营销服务可能需要收取一定费用。在大多数案例中，它们的服务价值是通过广告宣传收益率衡量的。当营销服务公司投放的优惠券被大量使用，就能说明这家公司具有很高的广告宣传收益率。

全新的广告市场

回到浏览媒体的那个例子，广告行业越来越移动化，还有一个非常精细的服务网络将地理位置和浏览数据货币化变现，并精准定位使用这些数据的消费者。在广播流行的年代，广告被集中投放在几个媒体上，这些媒体都需要通过一系列的直接协商才能拿到播放广告的资质。广告公司管理广告的批量采购，并利用它们的购买力为其顾客——营销人员争取最优条款。作为其中的一项服务，广告公司支持具有媒体策划和研究能力的营销人员，并由此提供了一站式广告服务（见图 4-1）。由于观众集中，消息相对一致，当时广告行业的生态也相对简单。

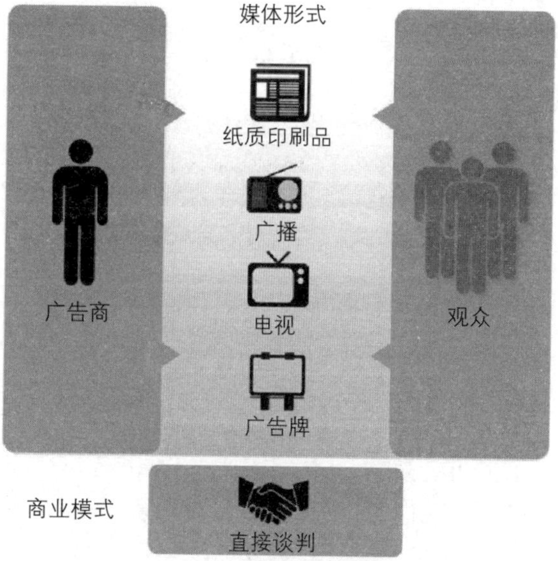

图 4-1　广播时代的广告

目前的浏览方式和相关的广告机会则要复杂得多，再加上出现了更多种类的媒体形式（见图 4-2），广告的呈现方式和应用程序也会因设备而异。

广告商既有线性机会，又有主要在浏览之前就录制好的样带的广播和非线性机会。广告点的直接谈判和大量采购在拍卖市场上呈现出大幅上涨趋势。

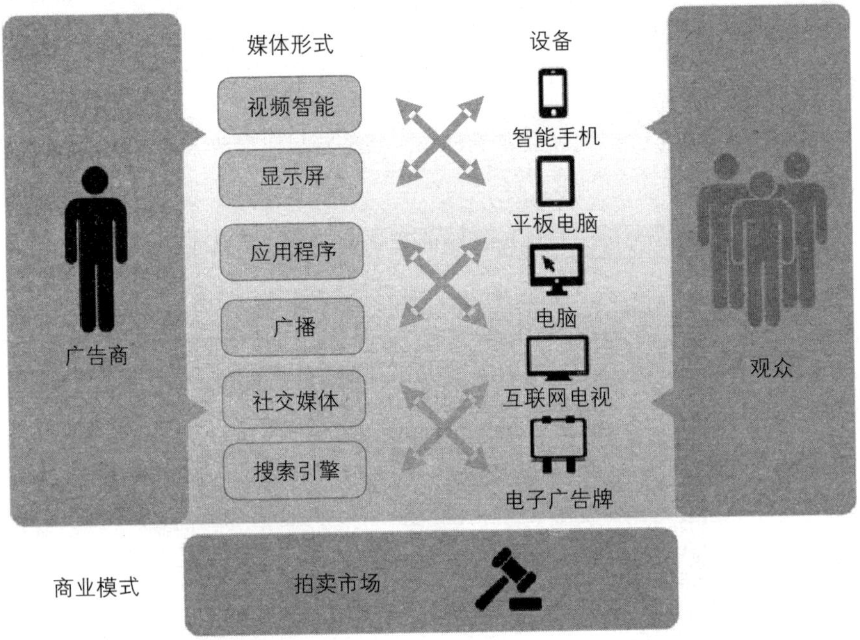

图 4-2 目前的广告市场

在线广告的生态链也变得越来越复杂。数字广告市场正在迅速转向涉及发布商和广告商的实时竞价或程序化广告，这些广告商使用由需求方平台（DSPs）、供应方平台（SSPs）以及大数据驱动的数据管理平台（DMPs）构成的复杂网络（如图 4-3 所示）。在线广告为小型细分的广告市场和情境广告提供了巨大的机会。我们如何通过广告传播这些产品的理念，以及这与传统广告有何不同?

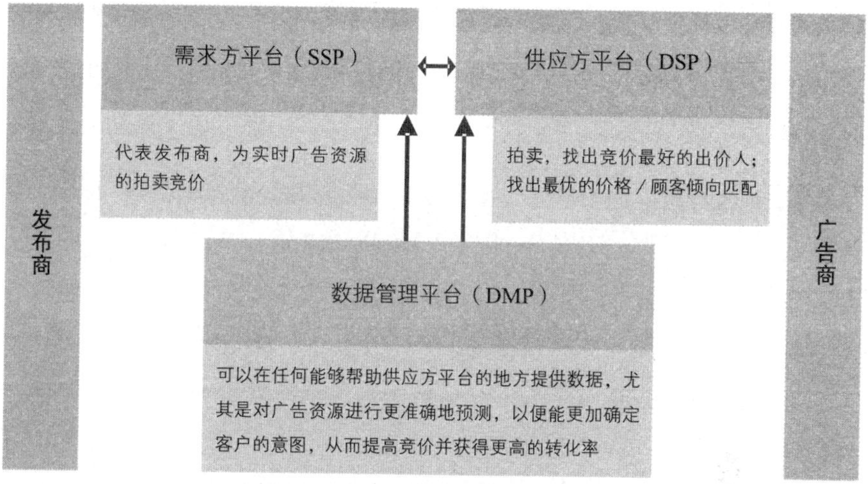

图 4-3　广告市场的参与者

谷歌公司通过提供广告点击量的测量方式和支付方式，给广告市场造成了巨大的干扰。一旦在浏览器屏幕上投放广告，就会测量广告的点击率，从而反映出其能被客户留意到的有效性。接下来的一些变化是广告的实时招标。在网络广告领域，谷歌关键字广告（Adwords）等发布商提供了一个招标流程，广告客户在这个过程中通过竞价投放广告。在不到 100 毫秒的时间内，谷歌公司会为每个广告机会收集多个竞价，然后决定在屏幕上显示哪个广告。一旦广告显示出来，用户的行为（即点击广告）就会被捕获并上报。

程序化广告结合了许多这样的创新方式，同时还运用了精细复杂的人工智能工具，在没有人类参与的情况下投放广告。2016 年，美国在程序化电子显示屏方面的广告花费达到 221 亿美元。比去年同期增长了 39.7%，占美国数字广告总支出的 67.0%。“程序化广告非常高效，它具有无与伦比的能力，能将丰富的受众群体数据与广告资源和定位条件配对。”电子市场的高级分析师劳伦·费舍尔（Lauren Fisher）说。买方和卖方都越来越适应这项技术。因此它正在快速地被越来越多的渠道和媒体形式利用。和过去不同，精明的营销人员现在能根据实际工作情况购买广告点。营销人员将他们的广告与其针对的微细分市场精准对接，同时使用由用户意图引发的信息共享，通过现场实验再微调他们的广告信息。

来自地理位置、使用情况、媒体浏览、客店购买、社交媒体以及其他多种渠道的货币化数据能用来360度全方位观察消费者。这就表明从物联网收集到的数据可以促进认知过程，借助数字连接和数字广告的力量，与特定的客户对话。营销人员可以跟踪特定顾客的需求、他们所获得的信息和态度，并与顾客进行协商，从而提供进一步的信息，而不需要重复播放顾客不感兴趣的商品的广告。未来的数字代理商将利用这种能力和来自各种渠道的货币化数据来提供独特而有针对性的信息，从而最大程度地减少不和谐的营销信息，提高广告收益率。

变现的候选者和标准

如果天气、地理位置和媒体浏览是首先可以货币化变现的三项数据，那么接下来的三项数据会是什么？许多行业都开始利用变现来驱动物联网发展下的商业计划。这些商业计划都会获得成功吗？或者相比较而言，其中哪些更容易获得成功？根据先前的成功经验，哪些可以成为挑选变现候选者的标准呢？

几乎任何物联网收集到的数据都能成为变现的候选者。随着汽车更好地仪表化，多方都对驾驶数据产生了兴趣，如汽车生产商、保险公司和城市规划者。随着健身设备收集运动情况，这些数据对健康保险公司、医生和雇主都非常有用。随着家用电器接入互联网，供应家庭用品的公司对收集和剖析使用数据十分感兴趣，由此他们可以提供更好的产品。工业化用途同样很有意思。电信服务的设备供应商非常有兴趣了解使用数据，从而改进其商品设计和市场营销策略。工厂可以向原材料和机械设备供应商提供数据。银行可以利用交易数据来改善它们的服务并为银行生态系统整合这些数据。在每一个案例中，已经建立好的市场能够使用变现平台为合作创造新的商业模式，从而为它们的终端客户提供更好的产品和服务。如果这个平台不能很好地运转，它就会对核心商业产生负面影响，还很容易给售卖和使用这些数据的机构带来尴尬。天气是一个非常好的早期成功案例，原因如下。

1. 每个人都愿意得到更精确的天气数据，从而迅速产生庞大的用户群来消费数据。
2. 不存在隐私或竞争问题。如果一家航空公司从它们的多架飞机收集到这些数据，它们将与其他航空公司共享。
3. 天气公司提供了数据收集和提取的平台。

媒体浏览和地理位置的数据正受到越来越多的关注，但是它们也面临着货币化进程中的主要困难。虽然用户必须要收看广告以减少部分观看媒体的费用，但是他们不希望自己的隐私被侵犯。除非媒体浏览平台在某个地区拥有垄断地位，否则基于它们的市场份额，每个平台都会有一些有偏样本。因此，平台创建者会获得大部分的平台价值，例如尼尔森和谷歌。地理位置数据甚至更加分散。由于电信组织收集到的大部分地理位置数据粒度较小，而且大多数电信组织没有合适的商业模式来收集 GPS 提供的数据，所以这些数据也很分散。电信组织也面临由监管机构和客户带来的数据货币化商业模式的冲击。

《新石油：运用创新商业模式将数据转化为利润》(*The New Oil: Using Innovative Business Models to Turn Data Into Profit*) 是标题十分得体的一本书。在这本书中，艾伦特 · 范特 · 斯皮杰克 (Arent Van' t Spijker) 将数据

处理亲切地比作石油精炼。在原始形式中，数据并不能直接使用，而是在不断的精炼中，大幅增加数据的价值。在大多数情况下，都是拥有数据所有权的机构进行数据准备、调整和分析。例如，因为观众数据是数据源头并为其营销客户提供了创收的数据服务，所以尼尔森公司十分关注观众数据的精炼。当有线运营商收集观看数据时，这些精炼数据被用来支持运营商的核心业务，即为电视观众提供优质服务。因此，精炼过程必须从根本上改变从而支持媒体观众的度量方式。

认知变现

虽然货币化变现的第一波浪潮是广告和营销行业发展的主要推动力，同时还提供了包括搜索和电子邮件在内的许多免费服务，但是它也造成了大量的隐私问题。尽管过去几十年的用户总是抱怨黄金时段网络电视上的广告过多，但是他们对隐私管理相对比较满意。新的非线性广告不仅对浏览内容造成干扰，而且大量使用情境数据来投放目标广告，也对用户体验产生了很强的干扰性。此类不满一定会不断增加。一方面，消费者喜欢有针对性的广告，这些广告涵盖了他们想要搜索的产品，但是当涉及他们浏览的电子邮件和地理位置数据时，他们十分反感自己的隐私被完全侵犯。当我在全球范围内进行抽样调查的时候，我发现了各种各样的反应——从一个十几岁的女孩兴奋地想要告诉她的所有朋友 Foursqure 如何协助他们购物，到公众舆论及法规保护个人隐私的环境。

显然，虽然变现听起来很简单，但是多层次的复杂问题造成了实际操作困难。所以这是一个需要仔细思考和完善规则的复杂商业问题。这听起来像为认知功能提供了一次机会吗？我必须承认这是相对较新的一个领域。接下来有一些观察需要深入思考。

观察 1：正如之前所述，数据之美存在于旁观者的眼中，也就是这个案例中的用户。他们对数据收集、精炼和分析有特定的需求。通常，他们需要的可能不是最私密的数据，而仅仅是用户熟知的相关模式。例如，快餐店想知道有多少个上班族在路过这家店时选择了去另外一家餐厅。他们对个人通勤者的路线不感兴趣，相反对一条通勤路上的大量上班族感兴趣。

观察 2：随着设备接入互联网，他们能够压倒全球的数据网络和云数据存储。运营效率会带动边缘智能，同时与观察 1 相结合，这就意味着规则是由变现终端用户制定的，但是会尽可能靠近数据源头来应用。因此智能将从用户流向数据源头，相关模式随后将被数据源收集并发送给用户。

观察 3：数据隐私必须在群体和个人两个层面进行组织。我喜欢公开分享某些活动，在封闭的社区中举行其他活动，还有一些活动只和我的家人一起分享。我的一个亲密的朋友不会分享任何信息，所以我可以分享这张照片，但不能在照片里标记他。还有一些朋友会分享他们日常行为的细节，以及公开表达他们对世界的感受。即使以隐私被侵犯为代价，我也愿意看到感兴趣的广告，但是我还有一些朋友，如果广告侵犯了他们的隐私，他们绝对不会购买这些产品。

观察 4：数据管理必须帮助数据用户识别数据来源、偏差、数据质量和其他细微的差别。如果做出决策的目的是对所有人口产生统计学意义，那么根据覆盖一半人口的有偏样本做出决定并不是一个好主意。例如，覆盖固定电话的电话样本可能会排除美国大部分 30 岁以下的人口，因为大多数年轻人没有固定电话。如果我使用有偏样本来预测他们的行为，那么它所产生的结果可能比真正的随机小样本更糟糕，随机小样本可能很容易提供具有 2% ~ 3% 的低取样误差的优质决策。

货币化变现的全部潜能需要人与机器之间的良好协作来解释这些观察。随着变现的不断涌现，机器提供的认知功能将在管理边缘分析、微调隐私和解读数据偏见等方面发挥重要作用。

精彩回顾

货币化变现通常被视为驱动认知体发展的主要商业因素。天气、媒体浏览和地理位置数据变现方面的早期成功，通过新的商业模式为其他行业带来了一丝创收机会。本章介绍了几个成功的案例，并展示了数据创建、消费和精炼的商业模式。

但是，变现进程十分困难，也不是“一般的商业模式”。它引发了数据提供者和消费者对用户和监管的不满，并可能会显著增加数据收集和精炼的成本。我已经做了大量的观察，利用对边缘智能和个性化的隐私政策的需求说明个人和群体的喜好。

本章总结了认知体的用例视图。在前言中，我们探究了认知体的定义；在第 1 章中，我描述了如何利用认知体来协助个人；在第 2 章中，我描述了它如何协助组织；在本章中，我则介绍了第三方的货币化变现。

在接下来的三章中，我们将深入认知体的形成过程。第 5 章研究认知体是如何提供智能观察的；第 6 章讨论它们的协同学习；第 7 章展示它们是如何设计、维护和保障安全的。

第二部分

COGNITIVE（INTERNET OF）THINGS

Collaboration to Optimize Action

认知体的关键技术能力

第 5 章　智能观察

1978 年诺贝尔经济学奖获得者赫伯特·西蒙（Herbert Simon）是卡内基·梅隆大学的教授，他被称为当代几个重要学科的创始人，包括人工智能、信息处理、决策规划和问题求解。他曾是我的博士学位委员会的顾问，对此我感到十分幸运，并且在 20 世纪 80 年代中期，我与他进行了许多关于未来的探讨。他的办公室里面摆满了从附近图书馆借来的书。我们曾经坐在他的书房里讨论，他也会在书房的桌子上堆很多书。有一天，他在自己的众多藏品中翻阅，向我展示了一套关于中国社交场景的素描本，并让我指出每幅素描作品中的人们在做什么。在相当短的时间内，我发现第一张照片代表了村庄庆典，第二张照片代表了一间教室。赫伯特像往常一样闭上眼睛，停顿了一会儿，然后问了我一个问题："你将如何教一台机器来识别这些社会场景？"在几秒钟内，我已经将图像中的大量像素汇总为一组标签。30 年后，我可以很容易地回忆起那些标签，尽管原始图片带有更多的数据，而我的大脑却忽略了。

物联网已经产生了大量的事件数据。大部分数据都因为没有任何用处而被舍弃，因为它们比我们曾经看到过的任何大数据都要大。在过去几年中，我拜访了许多敢为人先的机构，每个机构都有收集所有数据的愿景，并将其放置到Hadoop[①]大数据湖中，以便他们分析数据。不幸的是，一旦数据到达数据湖，机器能找到的东西就会受到限制。认知系统必须像人类观察和总结的方式一样，进行观察、过滤和识别，以创建有意义的模式。输入的传感器数据必须尽可能靠近数据源头进行过滤。电信机构第一个意识到这个问题。平板电脑上的Facebook页面的典型视图很容易在网络中产生数百个事件。这些事件可以使用网络探测器捕获并发送到大数据湖进行分析。但是，原始事件可能不是很有意义，而且数量太大。通常，一个拥有5000万用户的网络可能会创建多达每秒1～2太字节的事件数据。尤其是在忙碌的早晨，可能达到1000万亿字节的数据。我们如何在如此海量的数据中实现大海捞针呢？

在本章中，我将描述认知体开始智能观察并能够提取观察结果的方式。和人类一样，机器开始处理许多感官输入——视觉、听觉、味觉、嗅觉和触觉。人类的头脑非常善于处理这些感官的输入，并提取有用的信息进行回想或推理。大概30年前，尽管赫伯特向我展示那些素描的时间不超过10秒，但我还是清楚地记得那个房间、素描、他的脸和姿势。为什么我不记得那天的其他事情呢？虽然我不记得那天我穿的衬衫的颜色，但是我妻子可以回想起过去几十年来她每次出席重要场合时穿的每件衣服的颜色。因此我们的大脑知道如何过滤和存储我们所关心的事实。

在自动化时代，机器提高了吸收结构化数据的能力，并将其组织成有意义和能够管理的数据。步入认知时代后，我们必须再利用从结构化数据中学到的知识，如数据质量、数据管理和准确性。此外，我们必须引入新的认知功能，如过滤、聚焦和分块。在Facebook页面访问相关的数百个事件中，

---

① Hadoop是由Apache基金会所开发的分布式系统基础架构，是一种能够对大量数据进行分布式处理的软件框架。——译者注

机器应该能够感知哪些事件是有意义的，哪些事件需要记录和报告。

感知

我在第 1 章里描述了许多使用各种传感器的认知设备。传感器是进行原始观测并将其从模拟事件转换为数字编码的一种很好的方式。例如，在 Fitbit 智能运动手环的例子中，由使用者决定收集到的原始信息的多少。大部分的追踪设备可以从它们接收到的模拟信息中识别事件，还可以将所有的模拟数据汇总成一个数字事件——在这个案例中，这些可以一步完成。

传感器使用其生产商所选择的格式识别和转化接收的数据。随着相关设备、生产商和技术层出不穷，和数据相关联的格式也越来越多。以无线电信机构为例，每家供应商都提供了 2G、3G 和 4G 网络的数据。即使是同一家生产商所提供的格式，也有可能随着技术的不同而发生变化，接下来还有供应商之间格式的差异。由于这些原始事件由能够识别和总结事件的智能探测器收集和观察，所以探测器必须理解格式差异，并且将多种格式的数据标记为通用形式。

这些数据中的大部分对数据分析或决策而言都十分多余且无用。以我的安保摄像机为例，只要画面中没有任何活动或发生变化，这个摄像机就不需要报告。传感器在设置报告阈值方面变得非常出色。它们只在发现感兴趣事件时才会报告。设备很容易将简单的阈值设置为条件，但是我们如何处理复杂的情境以及汇总事件呢？例如，每当我在平板电脑上访问 Facebook 时，都会生成一些事件。虽然我可能不会担心在我的 Facebook 页面上下载单个图像，但当 Facebook 页面的下载速度突然变得很慢，或者下载电影需要很长时间缓冲的时候，我肯定会担心。这时就可以为服务质量创建综合评分，将评分算法应用于所有的传入事件，并将评分报告给服务器。那么现有原始数据就可以被舍弃了。随着需求不断变化，新的评分算法可以发送给认知体，使它在应对不断变化的环境时动态地做出更合理的决策。

这个正在迅速发展的领域被称为"边缘分析"①。边缘分析不仅仅意味着聚合和过滤。从简单的计算到使用统计语言（如R）或将统计模型应用于本地存储的数据，它利用这些手段来预测统计模型的参数。现在采取的措施是将分析过程分布到边缘，而不需要将原始事件数据发送到中央数据库——这将造成带宽拥堵，并导致中央存储器产生巨大的计算负担。边缘的配置可能包括网关设备，连接到多个传感器，并且具有用于分布式分析的足够的计算能力和能量源。软件应用程序是网关的核心。网关软件负责收集来自传感器的信息并妥善保存，直到它们可以被预处理并传送到数据中心。网关软件能够决定在特定处理阶段的数据应该是临时的、永久的还是保留在内存中的。

那么，这对我的家庭安全系统意味着什么呢？我可以为相机提供关于友好访客的描述，而不再需要摄像机每次都记录下来访客人。于是当有人出现在我家门前时，安全系统可以让他们进入，从而避免不必要的干扰者。当我结识新朋友或者想要与某个人解除朋友关系时，我可以更新边缘分析的评分功能。这个安全系统要比训练有素的家犬更擅长守卫家庭，因为训练狗或与某人解除朋友关系都需要很长一段时间。而它将传感器和边缘分析相结合，在本地对数据进行大量处理，仅发送少量过滤的信息用于进一步的分析和处理，所以感知功能可以在宽带网络上以最小的负载工作。

① 边缘分析与边缘计算（Edge Computing）的本质类似，近年来，边缘计算的概念更为流行。——译者注

观察

感知与获取原始传感器数据和使用认知方式的边缘分析相关联来记录和报告重大事件。观察将认知体带到更高的智能级别，在一段时间内将感知从数据中分离出来，并将分布式数据注入，和边缘计算相结合，从而减少中央服务器的带宽和存储需求。

我在第 3 章中介绍过 IBM 研究中心在内罗毕市利用许多与垃圾回收车关联的智能手机了解路况。让我用这个案例研究的一个变量来说明观察的力量。智能手机使用 GPS 采集地理位置数据，同时还能够报告行车过程中车辆速度的任何变化。垃圾回收车可以通过配置的附加传感器，例如照相机，进行拍摄。随着车辆围绕着城市穿行，它们可以在行车过程中观察一些城市项目，并且可以提供交通和道路状况。这些数据非常有用，但重复量大。如果将所有相机和智能手机中的数据传输到中央服务器，服务器则可能会被无用且不值得观察的原始数据堵塞。然而，一个智能的观察者会重复寻找感兴趣事件，并只报告那些事件。这可能包括记录道路的图片，并发送纬度、经度以及车辆改变速度后超过阈值时的图片。分析师可能决定只将数据采集系统的重点放在由于路况不佳造成车辆减速的情况，而且可能有兴趣查找电话或摄像机以获取额外的信息，从而确定减速的原因。

智能过滤器能够根据过滤标准进行一系列观察。它们可能在本地存储更多的数据，并能够针对查询提供额外的数据。在垃圾回收车进行观察的情况下，可以设置信息收集的条件，以便在第一轮提供最少的信息以获得城市道路状况的总体观察。随着道路条件不断被确定，相机可以在每次重复访问同一条街道时被激活，尤其是智能手机在每个重复出现的画面中观察到的相同情况下的车辆减速。在这种情况下，中央分析服务器进行总体工作，并利用与垃圾回收车关联的智能手机和照相机进行重点观察，在需要观察更多细节时进行更详细的分析。

让我们来看另一个例子，关于反欺诈管理的过滤和集中观察。欺诈检测和管理团队希望能切断欺诈者用来窃取订阅和进行非法交易的方式。其实，只有很小一部分交易带有欺诈性质。但是，根据通信欺诈管制协会（CFCA）提供的数据，每年的总损失高达52.2亿美元。欺诈者不断发现电信程序和系统的新漏洞，以发明新的欺诈手段。欺诈管理组织如何敏锐地对欺诈检测和预防软件进行更新，以便在造成过多的收入损失之前有效地找出和停用带有欺诈性质的订阅方式？

这是利用智能过滤器和关注进行智能观测的一个很好的应用。与无线设备关联的智能探测器可以查找手机上显示的欺诈状况，例如地理位置不一致的定位。虽然大多数无线用户旅行时都带着智能手机，但他们最常用的交通方式就是从A地点移动到B地点。如果欺诈者窃取了手机的身份，并且不在当地使用这个身份，那么他很可能会在一个新的地理位置进行操作。智能手机的智能观察可以报告突然的地理位置变化，特别是，如果它们无法通过常规的交通方式从之前的位置到达目前的位置。一旦手机被怀疑落入诈骗者手中，中央服务器就可以对可疑的手机进行详细观察，“关注”所有使用情况，并详细观察可疑手机的使用情况。

监听

除了与客户联系的其他方式，例如智能手机应用程序、网页和聊天服务之外，呼叫中心仍然需要处理大量客户来电，从销售到服务等各种咨询。呼叫中心代理人会接受几个星期的培训，学习如何回应这些咨询电话。不幸的是，大多数呼叫中心的人员流失率都很高，由于任期短导致浪费了大量的培训时间。我们能否使用认知代理来倾听每一段对话，并开始参与回应这些来电咨询，提供扩充、协助或替换传统呼叫中心代理的方式？可以直接与冰箱或电视进行对话来抱怨出现的问题，而不需要与在世界另外一个角落的呼叫中心代表进行对话。该设备可能有额外信息来确认或质疑你的问题，也可能在对话过程中进行调试。要做到这一点，我的认知工具必须学会倾听我的问题。那么认知体如何与我交谈？

语音分析领域的研究已经比较成熟，目前正步入一个新的成熟阶段。最初的突破计划由卡内基·梅隆大学提出，并带动了整个领域的研究。Hearsay-II 语音识别系统的解决问题框架重构了在各种抽象层次上提出的假设解释的意图。Hearsay-II 包括生成和评估语音假设的解决问题组件，并确定最有价值的潜在行动的控制焦点机制。原始的系统被限制在 1000 词以内的词汇量，并对 90% 的测试句子做了正确的解释。目前的系统旨在处理呼叫中心的开放式语音，除了通用词典中的词汇之外，它还可以使用特定组织的特定词汇。例如，单词“U-Verse”对美国电话电报公司（AT&T）及其用户具有特定的含义。当客户使用这个句子——“我的 U-Verse 连接没有反应”时，客户和呼叫中心代理人都能充分理解这句话的含义。

如果我们能够把所有的词汇组合起来，理解它们的意思，那我们能得到这句话想要表达的意思吗？考虑以下几句话：

“我无法登录我的账户。”

“我在你们网页的访问权限被锁定了。”

“我的密码是什么？”

“我忘记了我的密码。”

在上述所有情况下，用户都很可能需要重置密码。在第一种情况下，这个问题也可以用其他方式来解释。也许用户无法确定登录页面，或者也可能是忘记了他的用户身份。当认知体分析言语并形成句子时，如何确定密码是否需要重置，以及如何回复“您想让我帮您重置密码吗”？

自然语言处理（NLP）是人工智能里的一个领域，它是一项检测人类语言以及分析、系统处理和理解语言的技术。自然语言具有不明确的内部结构，自动处理的一部分任务是组织语言。

因为语言融合了看待世界的方式和说话者的常识，所以语言分析的过程在不同语言之间可能会有很大差异。有些语言由共同的根源发展而成，演变过程中也会相互影响（例如西班牙语和葡萄牙语），有的则相互独立（例如阿拉伯语、俄语和日语）。

文本分析或文本挖掘，是指分析非结构化文本，提取或生成结构化数据以及对该数据执行某种级别的解释等任务。

从句子中收集意图的方法有很多种，而且每种方法都与某些用例有关。在最简单的方法中，关键词搜索可以将在句子中使用的词汇与可能的意图相匹配。例如，从多层菜单中发展而来的一些传统的交互式语音应答（IVR）单元能以自由形式的问题和关键词来猜测意图。应答可以采取确认或消除歧义的形式，以匹配最可能的意图。一旦匹配成功，认知体就可以通过执行规定的动作来做出反应。第二种方法使用统计方法将句子在语句库中进行匹配。在一个大的训练集中，语句库提供了许多表达同样意图的方法。只要注入的句子能与库里的一个句子相匹配，认知体就可以确认、消除歧义和回应。基本方法是将句子解析为元组，如主语–谓语–宾语，并通过将这些元组与已知的意图进行匹配来理解其含义。这种方法有助于上下文的理解，因为后面陈述句中的代词可能是指前面陈述句中的名词。句子含义可能是模棱两可的，并且可能根据句子的上下文以不同的方式解析。

抓取

除言语之外，非结构化的电子可读文本正迅速成为认知体的重要输入。这可能包括社交媒体、生产商出版的使用说明书、第三方指南、政府和相关监管机构的投诉、办公室内部的电子邮件、产品文档等。文本通常以文档管理系统指定的格式进行编码，也可能带有插图、视频、表格或其他解释性的附加内容。注入和抓取可用文档可能有以下几个目的。

- 在支持手册和教程中提供相关页面的搜索和标记，以便在需要时可以随时提供信息。
- 提取相关信息，以便能够独立作为摘要使用。
- 从可用的文档重建一个页面或教程。

非结构化数据不适用于预期任务的内部描述性结构或定义的数据。在描述结构时，数据建模者引用伴随数据的元数据中存在的组织类型，例如关系数据库中表的列定义。在这种情况下，将非结构化数据添加到大数据分析中，可能使数据在任务开始时就能与隐式结构对齐。在大多数情况下，这个处理是为了能够汇总、报告和处理非结构化数据中的信息。

一组数据被认为是结构化的还是非结构化的，这取决于你打算利用数据完成哪种任务。在其原始形式中，非结构化文本看起来更像是一个具有一定结构的分析系统中的大量字符、文本、数字和符号。这些数据需要进一步转换才能用于分析。

因此，你也可以将非结构化这个术语理解为相对于要完成的任务中数据的组织程度。将这些数据与可分析结构对齐之后，就能将其视为结构化数据。例如，包含图像的二进制文件可以被视为数字成像软件使用和显示任务的结构化数据。同时，在识别图像轮廓物体的情况下，可以将相同的文件视为非结构化数据。

视觉识别

在本章第一节中，我提到西蒙教授给我布置过视觉识别的任务。人类的视觉识别尤其擅长浏览图片并将它转化为一系列熟悉的术语。无论是看到一只猫还是猫的卡通形象，孩子们都能一眼认出这是猫，而且明白它与其他动物的不同之处。当我们看见关于社会环境的图片时，我们都能立刻猜出这些人正在进行什么样的团体活动，不论他们是坐在教室，还是在商店里买卖东西，或者是一起跳舞。

那么可能教计算机做这件事情吗？这对认知体来说是至关重要的一项能力。当无人驾驶汽车在路上行驶时，遇到有小孩过马路的情况，它们必须识别并对此做出反应；当机器人看到某人想和它击掌时，它必须能做出回应；当数字智能体记录下一场交通事故时，它必须要能识别出损坏的汽车和该车的型号。在这些情况中，都有一个视觉识别软件，将摄像机里已有的视觉信息注入软件，将它们和已知图像对比并利用比较结果识别每一个物体，对物体集合进行分类，并提取有意义的信息来决定该图像所代表的内容。

视觉可能涉及颜色感知，例如，无人驾驶汽车在一组交通信号灯中区分绿灯与红灯。认知智能体可能需要深度感知，涉及一些三维物体和对其大小、形状的理解。视觉可能涉及特征提取，从而理解和阐明笑脸与皱眉之间的差异。

使用统计过程，认知系统被训练得像人类那样识别对象和分类。但是，训练方式必须根据识别任务的类型进行调整。区分汽车和摩托车很容易，但是区分 2008 年和 2010 年的汽车模型就难多了。统计过程也分配识别概率，从而量化所得结果的置信水平。

身份解析

在典型的工作环境中，认知任务需要对身份进行快速而严谨的解析，以确定环境中的个人、情境或资源。源信息可能包含噪音或质量较差的输入。这些信息可能指向多个人，并且可能需要进一步的调查来精确识别个人身份。也可能包括发现故意欺骗或身份盗用。认知任务通常使用背景信息和其他数据源来剔除候选人，识别身份差异，并使用任务的上下文选择替代方案。我将使用媒体受众分析的示例来介绍如何利用上下文信息识别身份。

让我们回到具有认知功能的电视以及识别正在看电视的那个人的需求上。电视观众的数据可能带有一些固有的模糊性。虽然机顶盒中的数据与房间里的电视机关联，但是通常很难确定谁在看电视。在看电视的观众，可能是成年的男性或女性，也可能是小孩或宠物狗。但是，移动设备上的非线性观看可以精确地与个人关联。此外，机器人电视可以测试程序，可能有些程序需要从观众数据中删除。通过实体分析，你可以利用可用数据为这些不同的观看组合和身份分配概率。例如，特定程序可以用来猜测观众的性别和年龄。同时，非线性观看可以用于建立历史观看模式，还能将它们用于关联的机顶盒。除了观看数据之外，还可能有额外可利用的背景信息，例如社交媒体上的信息。人们在社交媒体上有意或无意地提供他们的观看习惯、偏好和对剧集最新一集的看法，以及他们推荐其他人观看的内容。

实体分析的任务是创建个人资料，逐步积累数据，从而解决相互冲突的信息之间可能存在的矛盾。

- 实体解析是有关以下内容的任务。
- 跨系统映射和汇总属于同一个人的配置文件。
- 删除同一实体的重复配置文件。
- 如果现在无法解决，积累情境数据可以在未来协助解决这个问题。

几十年来客户资料一直都受到大量关注。客户关系管理（CRM）工具是第一个提供综合客户数据库的技术工具，该数据库将个人和家庭信息统一，并保存在家庭层面。随着组织机构合并，部门信息技术（IT）的投资愈发集中，它们发现每个组织机构都对客户有不同的看法。所有这些组织都使用相同的词汇——客户、产品、地址、订单等来表示不同的术语，这导致情况变得更加混乱。主数据管理（MDM）的核心技术能力是它能够通过不同数据源匹配身份。我们如何将非结构化数据源与主数据管理解决方案的匹配功能整合到一起？大多数主数据管理解决方案为结构化数据提供匹配功能。主数据管理软件与客户匹配，结合各种来源的客户数据并创建新的身份。这些解决方案还提供了利用客户层次结构进行跨系统规范数据的重要功能。但是，在大多数情况下，数据的格式是已知的，内容主要是结构化的。在数据格式、定义和结构可能差别很大的情况下，认知解析过程又该如何呢？

概念实体模型和典型结构化模型之间的区别在于结构化模型着重以正式语言定义数据库的结构。非结构化数据来自各种渠道，概念实体模型将根据汇总已知定义的本体，将其附加到主题的内容或结构上。实体解析是将多个数据源组合起来，从而将来自不同渠道的真实世界的实体消除歧义，达到单个概念实体的过程。额外的实体认定本质上可能是概率性的，也就是说，解释可能带有一定比例的置信水平。因为身份解析过程发现了看似不相关的活动之间新的相关性，这个过程可能会改变这些概率。

考虑到被分析的数据集的特殊性质，确定性方法会根据专门为匹配实体而创建的算法运作。

概率方法依赖统计方法来确定现实世界中的一组数据输入与单个概念实体之间相关联的可能性。

以电视观众为例说明身份解析过程。通过结合社交媒体的数据、智能平板电脑的浏览信息、地理位置信息和机顶盒里的观看记录，我可以使用模糊概率模型制定出家庭中每个人的数字身份。可以建立本体，即建立家庭成员、媒体观看设备、事件和程序。现在可以将不同的数据源映射到本体，从而了解它们如何有助于理解观看媒体的行为。根据历史数据，可以为每个家庭成员建立一个数字签名，最近的信息可以用来覆盖任何历史趋势。

精彩回顾

我在本章中描述了一些涉及非结构化和大数据源的注入技术。认知体和个体都面临着同样困境——数据海啸。为了有效地处理信息，认知体正在学习如何聚焦、过滤和选择基于下游所需的数据。边缘分析利用下游应用程序中的过滤和聚焦标准，在收集数据发送到下游系统之前显著减少并提取数据。最终，在没有损失任何信息内容的情况下，减少了存储容量和网络吞吐量的要求。

在处理个人和组织机构的数据时，输入信息可能包含大量的非结构化语音、文本或视觉信息。本章提供了这些来源的语音分析、自然语言处理和视觉分析技术的概述。这些技术将非结构化信息转换成适合下游处理的各种数据结构。利用认知学习技术将无格式语音转换为文本，对非结构化文本进行自然语言处理以识别其意图，以及对视野内的对象进行视觉识别。对认知体进行广泛的训练能够让它们进行更精细的分类，无论是听外国口音的英语，还是识别出有拼写错误的单词、语法错误的句子，或者在大雾天识别红灯，都可以成功。

认知体还能组织数据来源，并隔离提供数据的身份。身份解析涉及利用情境信息以及通过规则和标准驱动来删除可替代方案，将数据归因于来源。按照这种方式，它们可以识别出收看电视的观众，或在共享的电脑桌面上识别出网络用户。

我们将在第 6 章中探讨组织、分析或决定这些数据的信息处理技术。将在第 7 章看到认知体是如何进行有效的安装、训练和维护的，从而进一步扩展在本章中简要介绍过的相关训练内容。

第 6 章　知识组织与解决问题

认知科学家为了比较新手和专家之间所做出决策的差异已经进行了很多实验。每个人都有相同的短时记忆的限制，我们只能记住 5 ~ 7 件事情。尝试努力记住 10 位数字的电话号码，但是随后你的脑袋就会疼 30 秒。当我要记一个 10 位的美国境内电话号码时，我会要点小聪明，将 3 位区号转化成相对应的地区（因此能将这三个数字变成一个整体），接下来便可以为剩下 7 个数字找出一个记忆模板。赫伯特 · 西蒙教授将这种方法称为“组块”。一旦形成信息组块，专家就能在长时记忆中存储更大数量的分块。在赫伯特教授针对国际象棋的研究中，他发现，专家们在重建棋子的位置上比新手要高超得多。然而，在实验中，当他使用随机的棋子位置时，专家无法记住任何组块，因此他们表现得并不比新手好。计算机模拟实验与真人实验的结果对比，证明了国际象棋大师在他们的（长时）记忆里大约能存储 50 000 个组块。

专家如何建立数量庞大的组块？你可以试着听一听两名医学博士之间的对话，从他们的谈话中，你能发现很多这样的组块。不像其他的生物，人类的学习不是来自基因编码，而是来自观察、专家讲授、阅读书籍、观看录像、实地工作或是我们所能收集到的任何其他形式的输入。我们可以将这些方式联系起来，尝试新的组合，或者遵循我们经验学习的本能。在医学专家那个案例中，那些组块是多年接受教育、做住院医师、和同辈互相学习、阅读医学杂志以及和其他专家合作诊断病人而逐渐累积形成的。在一个领域工作许多年之后，这些专家利用他们的认知记忆创造了许多组块，同时还能将一些互相关联的事实联系在一起。在任何领域，多年的培训和经验都能形成一个组织得当的知识体系。人类能有效地利用十分有限的短时记忆记住5 ~ 7件事情，同时还能根据特定解决问题的阶段，在长时记忆中连接这些点和回忆所需要的组块，所以他们是十分令人惊叹的认知机器。随着获取和存储知识的新方式层出不穷，专家们越来越依赖记录知识和现场经验来增强他们的长时记忆。知识有一个十分重要的作用——分享，例如使用书籍、期刊、会议、博客以及和其他专家磋商。

数字革命让大量非结构化信息通过互联网被连接和利用，专家们却很难适应这些变化。有没有一种方法可以索引所有可用的来源，并在解决问题期间访问关于情境的特定信息？因为现在这种知识可以通过更积极的形式被利用，所以基于知识的推理将解决问题的方法带入了更高的层次。存储的知识可以以多种方式应用，无论是自动的，还是在决策支持的环境中供其他人使用。共享知识可以通过认知体得以应用，如家电（排除故障的对话）、无人驾驶汽车（道路导航）或聊天机器人（数字助理）。专家为构建组织知识库做出了贡献，增强了合作专长，并与组织中其他初级员工和认知体进行共享。

本章探讨了知识表示和解决问题的概念。第一个任务是确定问题空间如何得到最佳表达，以及如何组织相关信息来支持解决问题。知识表示的结构必须为解决问题和维护提供简单的机制。第二个任务是我们将研究如何从这些非结构化的来源中提取知识。大多数知识来源是不定期组织的非结构化文本形式，如供应商手册、政府法规、公司典范实务、个人备忘录等。数字化数据源已经创建了一个大型的半结构化数据库，包括网络日志、购买记录、使用日志、地理位置等。这些知识源所包含的信息必须转化为知识表示的目标结构。第三个任务是我将描述如何将原始数据转化为有意义的推论，以供解决问题的引擎访问。接下来，一组示例将说明如何将推理引擎以不同的方式组合到个人和组织的各种用例中。解决问题可以像选择不同的备选方案一样简单，或者像通过发现和学习来设计一样复杂。认知体正在加速我们决策的步伐。无人驾驶汽车和家庭安保系统无法在成批处理模式下工作。我已经涵盖了一个关于实时决策处理的部分，突出认知体是如何利用历史、实时输入和积累知识，并结合预测和预判的决策形式。

管理解决方案的空间

世界上充满了知识源，如果没有知识组织和优先次序，决策者可能会感到十分茫然。当开始解决问题时，任何人的首要任务都是将相关事实、限制条件、目标和备选方案作为核心要素汇总，以此作为解决方案定义和决策需要考虑的事项。以安排一顿饭这个简单的任务为例。因为我体重超标了，所以我需要以吃得健康为目标。然而，我十分希望能吃到美味的食物，我会将这项条件列为一项偏好，因此我需要选择健康且可口的食物。在选择的时候，还有一个限制条件，那就是冰箱和储物柜里还有一些之前就放着的东西。我的备选方案是什么？我可以用冰箱和储物柜里的食物来做一顿饭。我还能去超市买一些额外的东西，但是这样会增加我的准备时间。或者，我能在超市买一份预先烹制的食物，再或者，我可以从送餐服务那里点餐。因此，什么是不落俗套的思维方式呢？在弄清楚我的目的、限制条件的前提下，并在各种选择之间犹豫了很久之后，我决定去我最喜欢的那个餐厅吃一顿健康又美味的饭，还邀请了三位朋友一同前往。在这个选择中，我增加了新目标，跳出了条件限制，最终产生了一套全新的方案！

到目前为止，重点在于我自己的目标、限制条件和备选方案，但是现在我如何添加我朋友的目标、限制条件和备选方案呢？任何在大型组织机构工作的人都会十分熟悉那些冗长的会议：几个同事或商业伙伴讨论整合共同目标或限制条件，然后通过全面细致的讨论达成一致的解决方案。将这个例子扩展开来，如果来自不同家庭的两个朋友计划一起用餐，那么相同的决策就出现了，目标、限制条件、备选方案以及更多的排列组合方式都出现了。我可能需要吃得健康，但是我的朋友不一定需要，因此，我们需要找出能满足这两个目标的解决方案。

我的冰箱里可能有所需调料的一半，最终决定在哪里做饭可能取决于谁的调料更多，以及将这些调料从一个家转移到另一个家的难易程度。我和我的朋友可能会用一个相当低效的方式，甚至可能很紧张地打 30 分钟电话或发送 30 多个即时消息来探索解决方案空间，但我们的数字化助理可以共同为我们工作，并在几秒钟内组织我们的解决方案空间。

我们是否会相信助理们收集的解决方案空间？假设我们的助理能够从冰箱和储物柜收集所有的数据，而不会遗漏旁边储物柜里的一些物品。他们会在哪里收集我们的目标？如果我的智能手机上列出的是去年的目标，而且我还没有更新当前的目标，又会发生什么？在典型的客户关系管理应用程序中，数据质量和管理在这里扮演着相当重要的角色。如果助理提供质量很差的数据或过时的限制条件，我们几乎不会接受他们的解决方案。而且，如果手动更新限制条件和目标需要花费太多的时间，我和我的朋友就不会依靠这条技术路线，并且会回到使用时长 30 分钟的通话或一系列短信来解决这个问题。

在协作决策是一种生活方式、员工的工作效率可以用来区分领导者与落后者的组织环境中，认知体可能会提高生产率并取代一些人际沟通。信息技术（IT）部门希望为公司找到最好的无线通信提供商，所以决定在员工的智能手机上安装一个应用程序来测量服务质量，而不是给所有员工发送调查问卷。因为以往只有 2% 不满意的员工会填写调查问卷，而现在应用程序将为所有享受无线电话服务的员工提供服务质量的信息。目前，即使在地理位置和时间方面，IT 部门也可以更好地组织解决方案空间，从而与当地的无线服务供应商进行更好的协商，反过来，无线服务供应商也可以将其作为增值服务提供给公司。

现在，让我们来看看哪些尽管组织得不好但还可用的组织知识。以工业或电信组织使用供应商提供的设备为例。该设备用来操作关键任务，突然罢工会不可避免地导致业务中断，所以始终为该设备提供良好的维护，对供应商和消费机构都最有利。在大多数情况下，供应商提供了大量的监控设备的传感器。供应商的工程部门在工程设计过程中创建了一系列排除故障的程序，列举了故障、测试和维修程序。供应商可能已经在线提供了这本手册或以 PDF 文件的形式呈现出来，可供下载或打印。当设备发生故障时，现场服务工程师发现新的故障、测试或维修程序，这是工程部门之前未能设想到的。这些指南现在可以通过知识图谱的形式组织起来，知识图谱使用图谱（一组节点和弧）表示知识。当初级技术人员参加下一次现场考察时，他可以通过翻阅知识图谱诊断和修理设备。在多次现场测试知识图谱后，设备可以利用其传感器数据、冗余组件和软件下载，通过工程部门原创的知识图谱进行自我修复，并通过每一次现场访问进行更新。

在上次访问 IBM 公司的阿尔马登研究室时，我很幸运地见到了安舒·贾因（Anshu Jain），他在开发知识图谱上已经潜心研究了很多年。他的研究创造出了一个名为 Drishti 的工具，该工具已被应用于改善信息系统的缺陷。IT 服务是解决问题的复杂领域。安舒研究了质量分析师在大型 IT 服务机构所做的工作，在这个环境中，使用故障单收集的证据处于高容量环境，因此，简单的观察和电子表格跟踪的结果无法扩展到大量故障和相关事件中。致力于解决这个问题的 IBM 研究团队开发了统计分析和文本处理的错综复杂的组合，从而能够提取知识图谱并将其应用于查找和解决故障。

在20世纪80年代中期的研究中，马克·福克斯（Mark Fox）、迈克·格林伯格（Mike Greenberg）和我一起研究了一个知识图谱的组织，其中每一层都将从下一层继承它的结构特征。在许多不同行业和领域的研究中，我们发现了一个独立于行业和领域的共同层，它为表示组织知识提供了基础。表 6–1 列出了我们在 1985 年电气电子工程师协会（IEEE）的文章中提出的各个层次。在任何领域，专业知识都是分层的。一个典型的医学生在学习高级医学科学课题之前，已经学习了大量的生物学和化学知识。而一个典型的电气工程师在学习电气工程课题之前，会学习物理和数学知识。所示的分层可以用作知识图谱的结构。在每一层中，这些概念可以使用统计过程自动生成，或由专家亲手制作。这些层为继承提供了规则和基础框架。

表 6–1 知识的表示层

层	定义和实例
第五层——领域层	代表特定应用领域的概念、词语和表达，例如工业设备、事件、故障点、维修程序
第四层——语义层	代表时间、活动、状态、所有权、货币等常见的原始信息
第三层——认识论层	通过继承来表示信息流，例如分类、抽象、汇总、实例化
第二层——逻辑层	将概念表示为结论的集合，例如使用主语–动词–宾语来表示事实
第一层——执行层	代表原始的概念和主张的机器翻译，如节点和弧

知识图谱涉及很多领域。医学可能是利用知识图谱组织医学专业知识最重要的领域。谷歌公司曾表示，每 20 个谷歌搜索中就有一个是针对健康信息的搜索。尽管搜索结果中也有许多可信的来源，但是其中可用的信息可能不完整或不可信。为了提高与健康相关的搜索内容的质量，谷歌正在引进结构化和策划完善的相关健康信息。谷歌公司还聘请了医生、医学插画家和梅奥医学中心为 400 多个健康和医疗条件开发深度的信息。

此外，许多工具正在提供将知识图谱和相关索引提取到文档来源的方法。我们将在下一节中探讨如何使用文本分析理解自然语言，从而创建这种知识组织。

文本分析

大部分用来存储知识的知识源都是非结构化文本。从非结构化知识源获取有意义的信息是一个多步骤的过程。我在本节中简要介绍了准备信息来源、提取数据、理解含义和提取事实所涉及的技术步骤。通常情况下，二进制文件如语音数据或图像 PDF 的存在，需要预处理才能将文本提取到可进一步处理的格式。

标准化。文本规范化是一个低级任务，包括将文本转换为单个规范形式。由于不同的语言有不同的机器表示方式，文本规范化还定义了编码、格式和字符集。例如，由微软文档创建的 .doc 文件比 .txt 文件有更多的控制字符。为了进一步处理，标准化过程将从 .doc 文件中去除所有这些控制字符。这个平台需要支持多种语言和多种编码格式，同时将输入转换为单一标准，以用于其他更高级别的任务。

- **语言识别**。分析任何文档的下一步是决定文档的内容和使用哪一种语言来完成该文档。语言识别是判断任何文档源语言的过程。长期与真实数据打交道的人会发现对话通常包含不止一种语言。这种复杂性使得判断文档中所用的语言变得更为复杂。
- **标记化**。标记化是分离句子或符号不同成分的任务。总体来说这个任务是将数字、标点符号和词语分隔开。在某些语言中，这个任务还包括在词语中间加上分隔符号，因为那些语言中词语之间没有空格。标记化是简化自动处理书面语言的一个额外步骤。虽然大多数分词器是确定性的，但它们可以包括依赖于语言的摸索。
- **词性标注**。词性（POS）标注是给句子中每个词分配词性标签的任务。这个任务往往因为语言的性质而变得复杂。有些词性是隐含的，有些词性是不明确的。词性标注的任务是解决其他更高级别任务的必要条件，因为词性是可以用来增加其他类型分析的准确性的线索。例如，词性可以帮助你通过分析一个词被用作形容词而非名词来确定词语表达的情感。
- **特征提取**。在模式识别情境中的特征提取是一个旨在根据预定义的类别提取搜索、查找和分类输入的结果的任务。例如，美国的电话号码可以用括号中的三位数字、接下来的三位数字、一个破折号和四位数字来识别。
- **命名实体识别**。命名实体识别的任务包括识别文本中的特定实体。预定义的元素类别或元素组具有特定的语义关系，这些关系与被分析的主题相关。知识领域的分类常常提供源文档中需要发现的实体列表。分类中的每个术语可以表示为命名实体，并使用预定义的模式进行搜索。
- **停止词的删除**。停止词的删除包括识别可能不会添加到特定任务的语义内容的词并将其删除的任务。例如，关键词搜索索引通常不会为常见英语定冠词如“the”的出现提供索引。

  停止词的概念并不固定，在某些情境中可能被认为是一个停止词，在其他情况下可能不被视为停止词。此外，在大多数沟通交流中，停止词通常带有目的性。然而删除停止词则可以帮助使用词袋（BoW）模型，在不同的分析任务中，停止词可能是有用的，甚至是必要的。

- **倾向性分析**。大多数商业用例都要求表现自然语言的高级语义，从而能够从社交媒体数据中获得最大的价值。因为越来越多的公司通过分析社交互动获取顾客偏好。所以倾向性分析近年来备受关注。倾向性分析是一个不稳定的任务，这意味着对一个主体有效的东西并不直接适用于其他主体。目前，大多数任务都使用相对于不同主体或产品的倾向性汇总结果，但将个人观点与个别主体联系起来变得非常重要。
- **信息检索**。信息检索是在文献集合中查找信息的任务。在互联网出现之前，最初与信息检索有关的任务是索引和检索文档集合中的信息。

  信息查询可以作为一个问题，或一种搜索模式，或其他许多形式。这个搜索的结果可以是不同的类型：直接答案，参考文献集合，可能知道答案的人员列表，甚至是澄清问题的请求。

  回答和查询的方法和特点区分了这个领域的任务。例如，如果查询被定义为一个问题，并且期望的答案是具有正确答案的单个输入，那么这就是一个回答问题的任务。
- **文本自动汇总**。自动汇总是对减少文档内容以创建被称为摘要的第二个文档的过程，这个摘要中包含了原始文档中最重要的信息。
- **文本分类**。文本分类是为文档分配标签的任务。这种常见方法可以用于多个目的。社交媒体和微博服务在过去几年受到了很多关注。更重要的是，文本分类可以用来将基于不同分割部分的相似意见进行自动分组。

  过滤垃圾邮件是文本分类的另一个用例。在社交媒体数据的背景下，过滤垃圾邮件最近被定义为删除由脚本或自动机器人产生的社交互动。在社交媒体上找出垃圾邮件是近年来的关注重点，因为它对分析社交媒体上的用例产生了负面影响。
- **关系抽取**。典型的关系抽取包括发现两个或多个命名实体如何相互关联。通过分析命名实体的上下文，可以识别和提取这种关系。例如，技术博客可以将专家识别为公司的雇员，或识别出他属于专家群体。在这种情况下，专家及其雇主之间的关系可以被识别和提取。

社交媒体服务为每个人提供了具备个体特征或特点的子集，但是人际互动的分析可以提供更多的信息。例如，通过分析社交媒体中的互动帖子（对其他用户发表评论或做出回应的用户），可以提取人与人之间的一些网络关系。分析这些互动的内容可以决定人与人之间关系的性质。

这个任务可以分为两个子任务：第一，你需要创建需要分析的实体的档案；第二，你可以定义所需要提取的关系。例如，在欺诈分析的案例中，你可能想分析家庭关系；在客户流失分析的案例中，了解社交媒体中的关系与确定网络上的影响之间有联系。

- **回答问题**。答疑任务是信息检索的一个子任务，其答案不是作为文档集合来表达，而是作为直接包含查询结果的单一数据点。

  这个任务分为两个主要的子任务。第一是理解问题，因为这个问题是用自然语言表述的。第一个子任务的一部分包括确定回答问题的数据类型以及问题使用的主题。第二是找出能回答这个问题的适当信息。

配置文件优化

我将使用我最喜欢的客户配置文件的案例，来说明如何将原始传感器数据抽象为一组关于对象的配置文件属性。配置文件优化在对问题进行推理时非常有用，因为它们减少了解决问题的系统需要分析的数据量。优化的配置文件通常从交易、人口统计、对话和使用的数据源中提取。这些优化后的配置文件为行为、偏好和使用模式提供了更丰富的结论。用更大的数据集构建的最终客户资料生成了数千个微区段，可用于销售和市场营销、客户关怀、收入和风险管理以及资源管理等众多用例中。组织可以在业务流程中使用这些资料开展防欺诈、客户服务或市场营销活动。

表 6-2 展示了与每个数据标注关联的数据集的示例。

表 6-2 数据标注和数据集示例

数据标注	标注数据集示例
描述	年龄、收入、性别、教育背景、家庭人口、家庭住址、职业、种族、国籍、地区、联邦身份证、客户关系管理身份、邮寄账单的电话号码、政府身份证、家庭构成、组织阶层、社交媒体身份、电子邮件地址
互动	频道互动、第三方互动、联系偏好、提示、历史账单、付款历史清单、订阅、隐私偏好、净推荐值调查
行为	地理位置、使用情况、设备故障类型、欺诈模式、社会时态模式、使用生活方式、性格、欺诈警报、关怀提示、生活方式、活动、浏览媒体方式、客户终身价值、最喜欢的东西、社交网络、社交媒体上的探讨、工作地点
态度	情感 / 观点、品牌忠诚度、使用体验、社会领导力、态度、衍生的净推荐值

自动解决问题

到目前为止，本章所讨论的大部分内容都是关于已知成分的问题解决。认知体提高了信息获取渠道的可比性，并被有效地用于决策。解决问题并不总是那么简单，并不总是能找到替代方案，或者替代方案并不那么显而易见。认知体能否从过去积累的经验中创造出一种新的选择？

许多路线规划应用程序已经为驾驶员提供了一些选择。驾驶员利用社区化交通导航应用程序（Waze）或谷歌地图可以指定起点（通常是当前位置）和终点。路线规划者在处理实时交通信息方面变得越来越成熟，这些信息都是从其他司机那里汇总在一起的。在创建路线时，这些应用程序利用数学编程和启发式的组合这种复杂的算法实时查找路线。在计算路线时，这些算法试图从其他司机走过的历史路线中学习，从而寻找新的更好的路线。在很多情况下，应用程序还为驾驶员显示不同的路线，并比较从A点到B点的驾驶距离或时间。解决问题的一般特征是什么？认知引擎如何产生可供选择的方案？以下是算法创建全新的解决方案的几种方法。

虽然路线规划是一项复杂的任务，但其数据源很简单。利用地图、交通拥堵的数据和目的地信息，就会产生一个从A点到B点的路线。如果我现在有许多输入、各种不同的算法，并且需要一个编排机制对它们进行组合，会发生什么？以个人助理为例。为了完成起草旅行计划这种简单的任务，个人助理需要访问航空公司、酒店和汽车租赁网站，提取备选方案的信息，以整个旅程为出发点对订单选项进行排列并做出决定。

Viv这款人工智能助手则突破了这些限制，无需程序员协助，即时生成自己的代码。以一个复杂的命令为例，比如“帮我预订飞往达拉斯市的航班，那个舱位要足够大，能够让沙克坐下来”。Viv会解析句子，然后执行它最擅长的技巧：自动生成一个整合了第三方信息源的快速有效的程序，比如Kayak（美国旅游搜索引擎服务商）、SeatGuru（在线飞机座位自选平台）和NBA媒体指南，从而找出有足够大的空间能够伸展腿部的航班。更厉害的是，它可以在几分之一秒内完成所有这一切。Viv来自开发出Siri并将其卖给苹果公司的那群人。但是，与Siri不同的是，Viv将是一个开放的平台，这意味着它可以被编程，在任何应用程序或服务上运行。大多数情况下，Siri只能在苹果自己的应用程序上运行，不过也有关于Siri的应用程序编程接口（API）开放给其他iOS开发者的讨论。但是Viv不会仅限于单一的平台。它可以在其他手机操作系统上运行，也可以集成到娱乐系统、家用电器甚至汽车等其他设备上。

为了生成备选方案，还能开发出许多推理引擎。以下讨论阐述了这些推理引擎。目前大多数认知工作都在使用“选择生成备选方案”。使用主题领域的分类推理引擎可以选择备选方案。

- **使用选择生成备选方案**。创建一套备选方案的最简单的方法是在一个备选方案库中，选择符合某些标准的替代品（例如，删除那些未能达标的备选方案），然后使用更细致的评估标准比较所选择的备选方案。根据角色的不同，认知体可以选择最佳方案，或者将结果呈现出来帮助人类做出最后的决策。执行宣传活动是一个很好的例子，其中一组活动可能适用于微细分市场，并且活动管理系统可以以最小的成本选择最可能被顾客接受的活动。
- **使用配置生成备选方案**。在这种方法中，可以使用组件库，该算法是基于配置的限制条件和用户目标来选择一组组件。最终的结果是一个由已知组件组成的新选择方案。上述的路线规划中涉及的算法很恰当地展示了这种方法，因为每个算法使用一组线路分段，并将它们配置为从 A 点到 B 点的整段路线。
- **使用推断生成备选方案**。在这种方法中，可能需要通过修改现有组件或整体解决方案来创建新组件。配置的解决方案通常可能接近一个可接受的解决方案，但可以通过更改参数完善方案。通过修改解决方案，它会更容易让人接受。例如，顾客的助理也许会找到我正在寻找的产品，但由于即将到来的促销活动，对方可能会建议我之后再购买，因为这样可以降低我为购买该产品而支付的费用。
- **使用发现生成备选方案**。在这种方法中，通过搜索解决方案来发现新的备选方案。这通常可能会涉及发现其他人如何解决这个问题。在典型的产品支持的环境中，现场技术人员可以使用历史案例来查找设备中的故障以及其他人是如何解决这个问题的。

自适应实时决策

有效且有针对性的决策需要分析流程基础设施来检测、关注和设计一个行动。在大多数情况下，当客户与供应商互动，或是路过他感兴趣的地方的时候，就必须采取行动。这个解决方案需要整合多个组件进行紧密集成和性能管理。D4 框架为这些有针对性的决策提供了一个整体的解决方案，包括发现、检测、决策和驱动目标行动的组件（见图 6–1）。

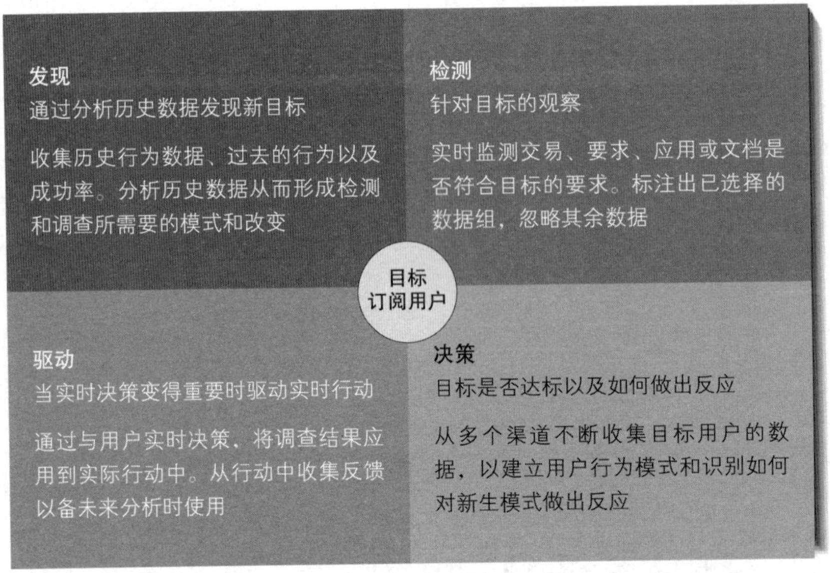

图 6–1　利用先进分析平台发现、检测、决策和驱动目标行动

分析师使用分析技术找出历史行为模式。通过严格的定量和定性的分析过程，分析师可以建立正常和异常的行为。例如，为 New Store 零售商工作的营销人员可能会发现一个微型细分市场，他们喜欢收集逛超市后得到的

Foursquare[①]积分，并定期去好邻居（Good Neighbor）百货公司购物。另外，营销人员丽莎在自己不需要因公出差的时候，每周四晚上都会去逛好邻居百货公司。相关的参数和关联的阈值现在被上传到检测组件，其中大的数据源几乎都进行了实时扫描。当一组观察参数与所需模式相匹配时，检测组件就会发现这个情况。在这个宣传活动的例子中，这个匹配可能是星期四，当时丽莎没有出差，这个时候应该为她提供逛 New Store 的动机。如果这样做，实时分析系统可能会忽略丽莎所有的邻居，因为他们不符合特定的条件。选定的客户的相关数据接下来会被上传到决策组件，其中，规则引擎采取特定的行动来处理特定的情况。在营销活动的案例中，营销人员可以使用各种规则来涵盖饱和度——最近有多少报价——基于历史报价产生购买行为的可能性以及对基于位置的报价的倾向性。因此，微型细分市场的两名顾客可能会收到完全不同的优惠，以最大限度地提高购物的可能性。所选决策现在就会传达给业务流程行动的驱动组件。此过程是一个活动管理系统，需要与客户互动，传达决策并记录客户反应，从而微调今后报价的参数。这个体系机构需要融合四种不同的工具进行密集整合。发现组件主要利用统计和机器学习工具进行操作；检测组件使用实时分析产品，可以吸收大规模数据并根据已知标准对其进行过滤；决策组件使用实时数据和历史数据结合形成的规则引擎来配置特定的操作；驱动组件使用业务流程自动化和工作流程来推动决策。

该解决方案需要三个根本先进技术的复杂组合：数据工程、数据科学以及应用程序领域的知识。数据工程需要高容量、高速度的数据。鉴于自动化水平，整个决策周期应在交易过程中完成。它需要一个系统根据用例情况，对接近实时的变化做出反应，这个反应的时间范围是几秒到几分钟。同时，

① Foursquare 是一家基于用户地理位置信息（LBS）的手机服务网站，并鼓励手机用户同他人分享自己当前所在地理位置等信息。——译者注

发现和决策组件代表大量的数据来建立模型，并对选定的重点领域进行历史分析。数据工程还需要建立适当的数据流而不产生阻塞点，从而帮助促进这些组件之间交互畅通。数据科学需要处理发现异常的模式。在许多用例的异常规则中，平均水平下的工作已经无法满足要求了。数据科学家应该建立模型来识别微观模式和检测方法，找出这些微观模式并对此采取行动。因为该模式覆盖了决策组件的所有范围，所以必须具备应用程序和领域知识。能透彻地理解用例和相关行业领域知识的人可以十分轻松地在各个元素之间紧密地相互作用。然而外部人员可能需要为每个组件开发初级算法和规则，精通该领域的专家则可以识别底层域模型，从而帮助驱动所有的四个组件。

那么认知体能融入这个宣传活动管理系统吗？第一，认知体通过从消费者那里收集有价值的应用和地理位置数据，提供急需的获取数据组件。第二，认知体成为可以协助消费者的购物助手，同时根据营销人员提供的激励机制收集和提炼他们为顾客提出的建议。认知体现在可以提供能够十分容易地获得这些激励的方式，同时还会考虑其他方面，如价格、产品质量、品牌、来自其他客户的反馈和任何购物助手已知的其他输入。

在营销活动的世界里，有两股竞争的力量在互相作用。一方面，营销人员必须关注消费者的需求和行为，并提供最能满足他们需求的产品。另一方面，营销人员开展宣传活动推广新产品，接触不同微型细分市场的新方式，降价以减少库存等。顾客助理与营销人员合作，从营销人员那里获取最佳的可用信息，并从其他渠道获取信息，对营销人员提供的信息进行比较。

买方和卖方信息的数量和速度的增加导致宣传活动不断增加。这样一来，许多宣传活动可以在测试市场上使用 A-B 测试并列执行，其中一部分市场提供一个宣传活动，另一部分市场提供有竞争性的宣传活动。二者之间的比较通过机器学习完成，通常不需要人工干预。营销项目可以同时执行和比较上百个宣传系列，并根据环境条件、测试结果和变化趋势进行优化。外部数据（如天气）可用作额外的输入，以对广告系列进行适当的调整。

实时适应平台可以应用于许多其他用例，每个用例可能需要与微细分客户进行互动。例如，在第 3 章描述的主动客户服务的用例中，具有认知功能的代理可以用来为顾客提供更好的服务。

精彩回顾

本章探讨了知识组织和问题解决的概念。我研究了组块的概念，以及区分了专家和新手在认知思维中组织分块的区别。我还描述了认知体如何能够创建类似的组块，以及如何利用它们来解决问题。

另外，我还介绍了知识图谱的概念。大部分知识的来源都是不定期组织好的非结构化文本形式，如供应商手册、政府法规、公司典范实务、个人备忘录等。知识图谱将这种非结构化的知识源结构化，从而促进不同领域的概念相互联系以解决问题。

用来提取知识图谱的大部分数据源都是非结构化的文本，偶尔有表格和交叉链接。文本分析为我们提供了一个分析非结构化文本和提取有意义的结构的工具箱，可以将文本组织成知识图谱。文本分析会重新格式化数据，从而对数据进行进一步分析，然后使用一系列流程来了解其含义和目的。

数字数据源已经创建了大量的半结构化数据库，包括博客、购买记录、使用日志、地理位置等。我以客户资料为例展示了使用历史数据来创建描述个人的行为、偏好或人口统计的有意义的标注。

接下来，我们通过一系列的例子，阐述了如何针对个人和组织以各种各样的方式，组合成在各种用例中解决问题的组件。解决问题可以像在备选方案中做出选择一样简单，或者像通过发现和学习进行设计一样复杂。我使用了几个案例来展示处理模块的快速自动生成过程、使用标准组件，可以将这些组件配置在一起以解决特定的问题。

大多数认知体不能在批量处理模式下工作。其中包含了一个关于实时决策处理的部分，它突出了认知体如何使用历史和实时输入，并积累知识以结合预测和预定的决策形式。适应性决策使用有监督和无监督的学习进行优化，并使用现场测试来实验替代的决策方案。

创建认知体的任务包括配置数据源、结构化知识、解决问题的技巧和决策执行。下一章将讨论如何安装认知体，它们如何学习组织和优化它们的知识储备，以及解决问题的方法。

第 7 章 全新的认知信息处理能力

本章是认知体真正见分晓的时候。所以你非常兴奋地尝试所有这些认知体，最后用一些崭新闪耀的物品扩大了家里认知功能的规模，这些物品都在思考并能对你产生同理心，结果却是你需要多照顾一些东西（耗费你的时间和精力），因为现在你得花精力配置和维护这些认知体。你可能会发现自己得为认知体持续工作提供动力，于是你在家得宝（Home Depot）商店里寻找打折电池，或者吃惊于为记住所有密码而在笔记本电脑上积累下来的大量钥匙串[①]。你在时间、便利条件和工作效率上得到或失去了什么？

还记得电子宠物吗？那个鸡蛋形状的虚拟宠物，除非它每天都能得到无微不至的关爱、关心和关注，否则它就无法存活。这款电子宠物在 20 世纪 90 年代取得了巨大的成功，我们都很喜欢它。电子宠物会表现出许多夸张的情绪和态度，还需要主人的耐心照顾，通常是十几岁的女孩，来保持它们愉悦的心情。认知体的初期发展阶段，让我想起了我女儿在中学时期养的 6 只电子宠物。我每天晚上都十分努力地把我的所有设备充上电，这需要不同

① 钥匙串（KeyChain）是苹果公司 Mac OS 中的密码管理系统。一个钥匙串可以包含多种类型的数据：密码（包括网站，FTP 服务器，SSH 账户，网络共享，无线网络，群组软件，加密磁盘镜像等），私钥，电子证书和加密笔记等。——译者注

尺寸和形状的电池。当我出差的时候，我必须把不同的设备上各式各样的数据线都打包带走，否则就会在路上面对最需要使用某电子设备时却无法开机的窘境。现在，安德玛（Under Armour）给了我第一丝希望，它推出的这款跑鞋采用了蓝牙技术，并配有可延续跑鞋使用寿命的电池。

每个人都面临着第二个棘手的问题——培训。认知体善于重复它们乐此不疲地反复学习的内容，但是我如何指导它们在不断变化的环境中乐此不疲地学习？以及在认知体能利用一些常识来执行它的功能之前，需要多长时间才能将它们训练得达到这个目的？在大多数交互系统中，认知体能够理解句子的多种变化及其意图，尤其当它们开始接触语调、口音和语言差异时，这是相当重要的。认知体如何缩小学习差距，又能否在新的学科领域更高效地学习？

隐私和安全是下一个值得关注的领域。所有的应用程序都想知道我目前的地理位置，并通过这些应用程序共享。这样是否安全？我是否会被一些营销组织所困扰，它们会在每一个可能的机会下给我推送那些宣传活动吗？我的财产会被骗子洗劫一空吗？是否能够设计成认知体为我提供选择，以及什么是在我的性格和能承受的风险水平条件下最好的选择？如果认知体能与我的 Facebook 账号同步，我是同意它全方位收集信息，还是拒绝它以达到保护我隐私的目的？

如何组织认知体？它们中的每一个是否都拥有自主权、自由意志和呈现它们所在组织的能力？我们是否正在处理一个集权组织中的共享专家库，从而集中组织和规范整个集体？一方面，分散的组织似乎代表了大公司的政治环境；另一方面，集权组织似乎是为了能够让一个大人物来监督独立的业务单位而做出的尝试。

认知体将需要相当大的空间和许多充满波折的经历来利用计算资源。在这个过程中，第三方维护内容的提取、管理和应用程序的开发可能会产生规模经济。这些认知体应该放置在公共云端、私有云端还是靠近当前数据中心数据源的位置？数据中心的物理存储可能为客户数据提供安全保障。公共云端可能是不同组织之间共享成本和维护条件的最佳方式。虽然目前有一种把所有的东西都转移到公共云端上的趋势，但这是否会将组织机构的资产信息泄露给第三方？

随着认知体被引入到生产环境中，产生了一些代表性的问题——区分出成功的主流实施方案和令狂热者为之惊叹的演示方法及先导实验。对各种方案仔细地进行实验，能让我们更好地理解那些决策发挥关键作用的用例。

安装和维护

去年，我和我的妻子在南加州建了一所新房子，于是我们的新家就面临着无数种安保选择。由于迟迟无法做出决定，我们采取了一种相对来说操作阻力最小的方式，就是为以后所需要的安全系统铺设电缆，而无须购买那些昂贵的设备。一年后，由于我父亲的身体状况，需要在家里安装监控系统，我们要求家庭安保供应商多安装几个摄像机并将其接入无线网络。鉴于所有的电路和电缆已经布置妥善，我们以为这个任务会很简单，但是与我们的预测相反，两名安装人员在安装过程中煞费苦心，大约耗费了 8 个小时，还不得不在第二天继续工作才完成任务。好消息是目前我有一整套监控房子的摄像系统，但坏消息是安装和配置它们并不是一件简单的事情。

为什么安装认知体如此具有挑战性？在一些行业中，制造商仍处于发展的初级阶段，物联网仍需要大量的配置。除此之外，这些任务对于当前的工作人员来说都是陌生的，也没有为他们提供足够的配置和诊断工具。为了广泛地部署认知体，就必须将它们变得容易配置。我的 Fitbit 智能运动手环提供了一个相对简单的配置选项。它只需要与能够通过蓝牙连接到 Fitbit 的联网设备配对。有些认知体安装起来操作简单，而另一些则似乎需要一生的时间才能完成安装。如果 250 亿物联网终端中的每一个都需要花费两个小时进行配置，那么人类将需要 500 亿个小时才能完成配置，或者说每个人大约需要七个小时来进行配置。

一个简单的安装涉及数量相对较少的接口点，同时利用好接口标准和向导机械化接口配置，有时还需要尽可能多地将接口配置自动化。一个由单一组织向导的封闭生态系统，能促使接口简化。然而，安全系统和家庭自动化是两个用来说明难以将接口标准化的好例子。

另一方面，一旦配置并投入使用，认知体可以通过改善后的预防性维护为我们节省大量的时间。10 年前，我的车还没有预防性维护这项费用，我希望我的汽车每行驶 7500 英里就能进行一次保养，根据经销商的预测，我每年约行驶 15 000 英里，因此它们每隔 6 个月就给我发邮件提醒我保养汽车。我最近买的这辆车在这方面做得稍微好一些。它们能够根据对汽车零部件的使用情况和性能数据的分析，来预测车的保养情况，同时也提醒我一些其他方面的注意事项，比如轮胎压力。

那么，理想的认知体如何维护它自己呢？其中涉及三个重要的认知活动。

1. **自我监控**。能够观察其部件的行为、分析趋势、预测故障点。认知体必须有能力区分偏离标准的行为以及何时触发操作。一方面，它们需要使用简单的维修方式避免产生大型故障；另一方面，它们还尽量减少车主提出处理不必要的维修的要求。

2. **自我诊断**。它们可以使用性能数据和一系列汽车故障的知识隔离故障组件，如果可能的话，甚至可以更换或重新配置该组件。
3. **计划和协商维护**。能够应用使用数据来决定何时进行维修以减少运行中断。在执行这个调度时，认知体将与维修部门和用户进行协商，从而找到适合每个人的恰当时间，而不至于危及运行中断。

预防性维护是一个日益发展的专业领域。几十年来，买家收到了制造商的车主手册。这些手册涵盖了一般已知的故障排除程序。当发现新类型的问题并将新的服务补丁应用于软件组件时，这些手册是否能够保持定期更新？另外，手册只有静态版本的故障排除程序。有没有交互式的版本，也就是利用证据和最近的测试做出诊断，并提供最有可能的调查、测试和维修过程？

在最复杂的认知体中，收集的事件可能导致预测失败。在初始阶段，故障排除知识可以利用由工程部门创设的故障排除过程生成。随着相关设备的不断投入使用，故障排除过程会渐渐被所有用户使用，其成功的路径可以得到广泛应用，从而更新最初建立的规定的故障排除过程。

培训

你的认知体的知识指数是多少？在大多数面向用户的情况中，当认知体具有充足的创造性知识储备时，或是不会产生自相矛盾的工作状况的前提下，它就会被引入使用。认知体想要表现得像一个具有认知功能的生命，它必须有足够的知识储备从而不会提出过于简单的问题，并理解大部分常见的情况——这对受过训练的人类来说可能相对比较简单，但是对于没有受过训练的认知体来说，这是一个需要被征服的鸿沟。在大多数情况下，认知体能够提供完备的现成的功能。它们是如何做到的呢？当趋势发生改变时，它们如何才能紧跟发展步伐呢?

让我们以虚拟代理为例一起看一看。在一个典型的呼叫中心运营的案例中，培训一个新入职的呼叫中心代表需要好几周的时间。随着他们不断学习和对业务越来越熟练，他们通常会得到公司提拔，去承担更好的工作。呼叫中心的培训是一个典型的相当有规划的活动，因此许多面向用户的组织机构都会按照呼叫中心大约每年 40% 到 50% 的人员流动量来制定灵活机动的培训流程。好的一面是这些组织机构有完整的培训文档，由负责培训的组织定期更新。现在这些操作都由认知体完成，将这样的经验和组织转移到培训认知体上，使它们不断得到更新的最佳方式是什么呢?

在典型的人类培训中，每个人在接受项目培训之前，都已经具备相当数量的常识。培训添加了一个特定的术语、流程和规则的层面。然而，在大多数情况下，接受培训的人只能保留小部分接收到的信息，之后需要利用在职学习对剩余部分进行重新学习和增强记忆。即使很好地记住了信息，在课堂上学习一个流程，与直接和一个怒气冲冲的客户打交道也大有区别。代表们不断学习对话中涉及的技术方面的知识以及如倾听和回答等软性技能。

为了模拟认知活动，培训认知体正在被设计成类似于人类培训学校的培训流程——为认知体提供了一系列的流程，并要求它们在模拟环境中进行有针对性的活动。但是，培训认知体有点不同。它们记得所教的一切知识，但在面对纷繁复杂的情况时，却不具备应用常识或创造性思维解决问题的能力。根据流程、任务复杂程度和主题领域的不同，培训可能需要涵盖额外的背景材料、处理意外情况的方式以及在哪里可以找到额外的材料。在职学习也大相径庭。认知体可以精心记录下每一个步骤、它们在整个互动过程中的成功与失败的次数，并对其进行分析，从而改善将来的交互体验。但是，它们不具有创造性，所以培训必须明确地处理如何对未知情况做出适当的回应。

在我对认知体的培训与呼叫中心代表接受的培训进行比较之前，有几点观察可以谈一谈。首先，认知体的设计者可以考虑预先训练它们达到一个基本的常识水平，比如地理知识。所以，如果一位来自美国的客户想要咨询前往巴黎的行程，认知代理必须推断出这是一次跨国旅行。其次，培训必须包含特殊情况，如何恰当地退出无法停止的循环。你可能遇到过不断重复的交互式语音应答（IVR）环节，如果你没能提供一个账号，系统就会不断询问你的账号，尽管当时你希望与现场代理进行交谈，但实际上会有语音提示“请按照提示每次输入一位数登录你的账号”这种无穷无尽的循环。一个认知体可以很容易地创造一个具有更多无限循环的认知范例，尽管其中的代理听起来略带歉意并具备良好的服务态度，但是他们完全无法理解问题的意图或做出任何回应。再次，利用对话记录评估成功的方式，通过关注与用户交互的过程，改进失败的方式以及处理问题的新方法。最后，培训是一个迭代过程。不断优化软件，在模拟环境中测试其有效性，根据其成功标准评估有效性，并重复迭代过程直至超过成功标准的期望阈值，这是一个非常好的方式。

以呼叫中心为例，因为它比较容易解释，其他用例可能无法表述得那么清楚。在认知体只是充当附加信息扩展人类活动的情况下，训练要求可能仍然涉及听力技能，但可能不再需要对话导航。

安全和隐私

认知体能不知疲倦地观察其范围内的所有用户，收集每个人的数据，有效地发现许多抽象模式，并将这些模式关联起来用于分析用户的社会或心理层面。虽然这对营销人员、社会研究人员、工程师和运营人员来说是个福利，但同时也面临着欺诈的风险，这对消费者来说可能具有吸引力，但对社会和政府而言则是一个需要承担监管风险的项目。

滥用数据通常会导致来自消费者或监管机构的强烈抵制。在大多数情况下，制造商不得不消除他们的记录、删减学习过程和停止共享他们的业务。例如，《个人电脑世界》（*PC World*）报道，即使在用户关闭浏览记录的选项之后，LG 智能电视机仍然会记录其观看行为，将其设置为默认值，并继续共享观看数据。斯普林特（Sprint）通信公司不得不在 2011 年停止使用手机监控软件 Carrier IQ，解除其对公司旗下所有设备的监控。美国国家安全局和警方使用电话公司的数据来追踪恐怖分子和其他犯罪分子，这一举措引起了热烈的讨论和激烈的争论。苏尼尔·阿格瓦尔（Sunil Agarwal）和阿吉·尼楠（Ajit Ninan）具有栩栩如生的想象力和过硬的技术背景。图 7-2 展示了他们描绘的情景——当厨房电器接入互联网时。

图 7-1　呆伯特的安全问题

［斯科特·亚当斯（Scott Adans）绘］

有时极端并不是最好的选择。隐私是个人偏好变化的特征之一，一揽子决策可能无法完全代表所有人的意见。青少年愿意透露自己的身份，以换取一次在音乐会电视屏幕上露脸的机会吗？有些人会非常高兴，但一个害羞的人永远都不想再有这样的经历，而且可能下一次就不会来听音乐会了。营销人员能够抓住隐私偏好、测试想法并最终确认，从而确定消费者的意愿，然后记住并利用这些选择？如果我免费获得一台烤吐司机，我是否愿意吃印有阿穆尔（Amul，印度著名的黄油品牌）商标的吐司呢？它告诉我们是否可以使用替代商业模式来增加设备的用户群。

图 7–2　你想从你的吐司上接收弹出式广告吗

（苏尼尔·阿格瓦尔 & 阿吉·尼楠绘）

安全问题则不尽相同，而且需要更多的关注。消费者很乐意信任他们的服务供应商，直到他们收到来自供应商的一封信，因为意外地将客户的信用卡信息泄露给全球范围内的欺诈者而道歉。不幸的是，认知体加剧了安全信息曝光的问题。大量有关消费者的信息被收集，并被分析获取有关聚会、使用情况和偏好的详细信息，然而这些数据成了信息窃贼的金矿，也会产生信息意外泄露的可能性。正如每个人都经历过的，大多数主要消费品牌都会共享安全问题。他们是否准备好从数据中心存储和泄露信息的情况中得到更多关于认知的见解？

安全问题的一个解决方案是尽早和经常性地掩盖数据。掩盖数据可能会保留数据的统计值，但也可能会混淆客户的个人身份信息（PII）。此外，可以设置查询规则，以避免利用多个属性的特殊关联猜测单个客户的身份。在大多数情况下，将查询限制在 25 个或以上的人数，是一个较为安全的前提条件，当搜索结果少于 25 个人，就看不到查询结果。

集中或分布式架构

当组织机构获得认知体时，它们将如何组织这些认知体？它们是否会被集中管理，或是分布在组织机构的各个部门，为每位员工提供认知功能的补充，或最终创建新的组织结构？由于认知体支持组织之间的沟通，它们会是中立的第三方，即与一个或多个组织相联系的中间商，还是它们所代表的组织机构的扩展？认知体的分布式组织如何影响它们的信息收集、目标共享以及组织和个人隐私的保护等方面？这些认知体是否会形成一个自己的群体，与多位认知专家分享专业知识，甚至超出它们所代表的人类组织机构的正常协作范围？它们将如何共享知识、分配知识产权、举办拍卖会或为促进合作进行投票？这些问题现在看起来可能很牵强，但是它们已经存在一段时间了，目前整个人工智能分支被恰当地称为“分布式人工智能”。

分布式处理面临着独有的挑战。正如第 5 章所述，认知体会产生大量的数据。边缘分析是解决数据海啸问题的最佳途径。同时，边缘分析带来了许多新的机遇，以及相关的企业目标和知识所有权的划定，然而其中的许多观点在分布式人工智能的文献中引起了激烈的争论。数据来源和分析处理来源可能并不总是属于同一个法律实体，从而创造出一套有价值的资产进行交易和变现。让我用一个例子来说明这一点。电话的使用和地理位置数据属于消费者，设备制造商和电信服务供应商则是值得信赖的数据保管人员。广告曝光信息可能存储在数据管理平台（DMP）中，可能属于媒体服务供应商；过去的可供购买的数据可能由尼尔森或斯赖思（Slice）收集。消费品营销人员可能已经开发了复杂的分析工具，这需要所有数据，但分析引擎的各个部分可能需要在电信服务供应商、数据管理平台或尼尔森公司的不同边缘环境中运行。为了不辜负消费者的信任，数据所有者可以对如何访问原始数据施加一定的隐私条例。广告饱和度和实时竞价的规则可能是需求方平台（DSP）的特性，将广告投放于消费者正在观看的内容上时必须应用该平台。在消费者的营销组织中生成细分选项和产品促销的链接。一组分布式引擎可以使用数据和这些规则在观看媒体期间选择播放的广告。许多这样的行为可能会更接近边缘，这意味着评分规则必须要发送到边缘应用程序来执行其中的逻辑性。或者，仔细过滤后的数据或相关见解可能会被传输到其他组织机构，在那里它们可以利用数据做出决策。在任何一种情况下，都是通过认知主体使逻辑性得到应用，认知主体利用给予他们的过程来解释数据。图 7–3 显示了这种分布式架构，许多不同的组织机构拥有并操作这其中的组件，共同协作做出决策，向消费者展示促销报价，同时还与其地理位置、使用情况和隐私偏好达成一致。

我选择不标注这张图片中假定的许多互相连接的点。但是，在近乎实时的环境中，跨系统的协作需要多个组织的良好接口，以及共享数据和逻辑的能力。

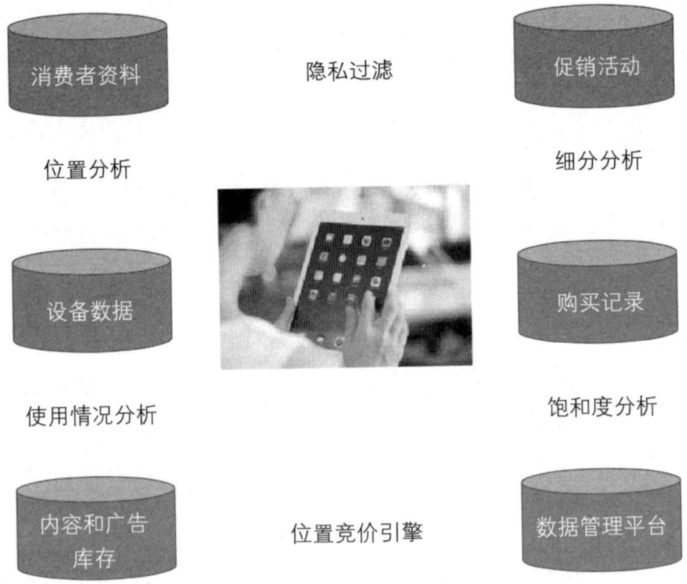

图 7-3　分布式资源的协作

云或本地基础设施

认知体需要多种服务，从结构化数据到非结构化数据，从数据的采集和准备到做出决策和执行，以及几乎实时汇集到一起的各种来源的数据。云技术为所有正在寻求利用许多原子服务[①]构建认知体的人，提供了十分具有吸引力的方式，这些原子服务可以被集成到特定的用例中。Bluemix 是 IBM 公司的云平台（Cloud Foundry），即一种开源软件开发平台。这种类型的技术术语是“平台即服务”（PaaS）。公司的开发人员可以使用这套软件和

① 原子服务是指不可再分解为更细粒度的服务。——译者注

服务来构建、测试和部署自定义应用程序。云平台的一个卖点是可以在多种云基础架构上运行。例如，PivotalCF 版本可以在亚马逊网页服务和威睿（VMware）的公有云环境（vCloud Air）上运行。

大型计算机普及了分时计算，但是购买和安装大型计算机的成本十分昂贵。租用大型机是使用它的最好方式，不需要大量的资金和其他固定成本。云端将相同的原理应用于现代计算的基础架构中。过去 10 年，出现了各种各样的云解决方案。公有云端存储了许多公司或消费者的数据，并为每家公司和每位消费者提供安全的访问途径。尽管私有云端将数据存储在公司的防火墙内，但使用云端基础架构为每个项目重新配置环境，从而减少每个项目的计算基础架构所需的购买量。云技术可以用于不同级别的计算基础架构中。云基础架构提供了计算环境。云存储提供了存储数据的功能以及备份和恢复功能。例如，赛门铁克（Symantec）和亚马逊公司提供个人电脑数据备份的云存储。云应用程序包含整个应用程序，例如 SalesForce.com。在云计算时代，业务上的一大问题是确保某些数据和应用程序在某些地方运行，以遵循法律法规或满足其他原因。IBM 公司的 Bluemix Local 产品将允许企业客户编写一次业务应用程序，然后在全球范围内或在它们自己的数据中心内运行全部云端。

随着大量物联网数据开始出现，云供应商为分析这些数据提供了随时可用的解决方案。将公共存储信息用于已公开数据并进行分析以查询特定的问题，这很容易决定。云供应商提供较低的门槛和订阅费用，以简化分析的初始成本。在应用这个数据方面，天气公司提供的天气服务就是一个非常好的例子。物联网和云计算的结合，将使 10 万多个气象传感器和飞机以及数以百万计的智能手机、建筑物，甚至移动车辆共同采集信息。基于来自数千个来源的数据提供的天气服务，目前全球大约建立了 22 亿个特有的预测点。在天气情况多变的情况下，它每天的平均预测量超过 100 亿次。

基于云计算的认知服务定价模式已经对软件和服务行业发起了重大挑战。在典型的资本购买中，销售软件需要收取前期费用和年度维护费用，而且定制服务也是前端加载的，并且此项花费可能与软件本身的价格相当或者更多。对于一个典型的传统自动化项目而言，第一年可能需要花费将近50%的成本，而大部分的收益可能都是之后实现。为了使这些方案可行，大多数大型项目都采用了多年的自动化分期偿还计划。云端将模型改为按月订阅，其中大部分成本由交易驱动，因此能推后载入，而通过提前部署可以更快地获取收益。此外，资助机构可以选择随时取消计划，而不会产生昂贵的前期费用。

精彩回顾

我们在本章中讨论了许多实施问题：安装、维护、培训、安全和隐私、分布式处理系统以及基于混合云的计算环境。尽管许多这样的问题都与自动化项目类似，但其中也有几个与认知体相关的独特方面：

- 面向消费者的认知体具有宏大的规模和多样性，这使得安装成为获得成功的一个主要阻碍。面向消费者的认知体必须设计得易于安装和维护。如果需要几个小时来安装一个认知体，并且需要不断地耗费大量的资源和时间去维护，那么除了开发人员及一些早期使用者之外，这个设备会因其适用性不佳而销路不畅，除非它有令人难以拒绝的用途。其中也有例外，智能手机、平板电脑和手表作为需要高成本维护的认知体，都已经步入最新适配的阶段。
- 对认知体的培训包括主体知识，而且它必须随着学习和环境的变化而变化并获取这些新知识。认知体提供了优质的观察和记录使用情况的能力，这可以用于更快速地学习。

- 安全和隐私是一个更大的问题，因为可能共享和不恰当地使用认知体提供的见解的程度。隐私是个人选择，消费者希望能为自己负责，他们可以用隐私换取折扣或免费服务。然而，安全问题尤为重要，它可能很容易弱化用户分享数据的意愿。
- 认知体本质上是分布式的，需要利用分布式计算的许多方面。除了分布式处理要求外，基于用例的数据和知识的所有权和部分共享是一种新的扩展。

因为混合云能提供经济高效的共享服务，同时还能保护个人身份信息，所以它正成为计算基础架构的最佳选择，第 5、6、7 章展望了实施技术的前景。接下来的四章将集中讨论认知体如何与世界交互，并影响它们周围的环境。

第三部分

COGNITIVE（INTERNET OF）THINGS

Collaboration to Optimize Action

认知体对未来的改变与应对

第8章　M2M的交互接口

每当我走在德里的街道上，我都会被一群咄咄逼人的司机所制造出的噪声污染所影响，我很想知道这是过去几十年留存下来的历史陋习吗？想象一条满是无人驾驶汽车的高速公路。当一辆无人驾驶汽车给另一辆车让道时，它们可能会采用什么方式进行通信？无人驾驶汽车多久会按一次喇叭或开一次前灯呢？在交通堵塞的时候，它们如何决定谁先走谁后走呢？另外，如果它们长时间地驾驶，它们会保持彼此之间的安全距离，还是像火车上的车厢一样搭起来连成一条线？

随着认知体的数量成倍增长，它们需要经常处理与同类的关系，这比它们处理和人类的关系频繁得多。它们将如何组织相互之间的通信，这与人类的对话有何不同？我们将在本章中考察M2M通信的基本条件。在处理更困难的对话之前，确定这些条件是件好事，因为它们会逐渐涉及与人类的对话。

机器具有一些与人类截然不同的重要特征。它们可以反复重复相当数量的谈话，而不会感到厌倦。事实上，重复使它们更容易保持人际沟通的环境。机器在通信中表述信息更加明确。在许多机器上共享内容是十分容易实现的。只要有明确的对话规则，就能让大量机器十分容易地参与到对话中。M2M 通信一直是分布式人工智能研究人员的热门研究课题。现在这项技术终于迎头赶上，给了一次实现 M2M 协作的机会。

我们将探究 M2M 通信的四个方面。第一，机器之间如何互相连接，以及它们使用哪种语言进行通信？为了将信息从一种认知体传递到另一种认知体，已经出现了许多十分具有竞争力的技术。这个部分总结了备选方案，并利用如设备之间的距离和能源需求等工程方面的问题进行比较。第二，它们如何识别对方并建立关系？大部分的对话通常是在空旷的地方使用无线技术。机器需要了解它们在与谁进行通信，并建立连接，以便它们可以进行对话而不被他人窃听。第三，我将讨论与信息管理有关的问题，比如数据质量、主数据管理和信息生命周期管理。许多这样的设备在边缘依靠有限的存储空间和能量运行。发送大量的信息可能不是最好的解决方案。机器通常携带和处理本地信息并共享少量的分析结果。如何管理这些机器以优化本地和共享数据？第四，它们如何互相协作？机器是代表它们的人力或组织机构的专家去执行任务。他们必须达成目标，遵循已经制定好的政策，与其他机器讨论替代方案，并得出一个有利的结论，从而产生实现双赢的希望。M2M 协作是一项十分困难的认知技能，如果要在现实世界中真正达成协作，机器就必须掌握这项技能。

通信媒介

自从人类进化到具备认知能力，与他人交流就成为认知行为的一个重要方面。人类学会了许多沟通方式，包括利用纸和笔、烟和火、声音和音乐、电线和电子等。随着物联网的发展，认知体自然会找到不止一种互相通信的方式。本节将简要介绍这些通信机制并讨论其优缺点。

由于通信工程师对其工作性质的描述，他们经常提到开放式系统互联（OSI），这是国际标准化组织（ISO）和国际电报电话咨询委员会（CCITT）制定的独立项目的联合标准。该标准于 1984 年由国际标准化组织（即标准 ISO 7498）和重新命名的 CCITT（现称国际电信联盟电信标准化部门，即标准 X.200）联合发布。在这个模型中，网络系统被分为几层。每个实体直接与其下一层进行交互，并为其上层提供支撑。协议使一个主机中的实体能够与另一个主机中同一层相对应的实体进行交互。表 8-1 描述了这七个图层：第一层代表物理基础设施，包括用于有线网络的光纤或用于无线网络的无线电波；第二层代表物理网络上可靠的数据传输；第三层代表网络，包括连接物理网络的路由器和交换机，同时建立分组路由；第四层代表使用第三层建立的网络传输数据；第五层管理会话，可能涉及多个连接节点之间的传输；第六层提供对数据进行转换、加密和压缩的方法，以保证数据安全和有效地进行传输；第七层处理应用程序，并通过电子邮件和网页浏览等应用程序来促进各层的使用。

表 8-1 OSI 的层级

图层	描述
应用	它建立用户之间的通信方式，并提供基本的通信服务，如文件传输和电子邮件。在这一层运行的软件包括简单邮件传输协议（SMTP）、超文本传输协议（HTTP）和文件传输协议
表示	表示层在网络服务和应用程序之间转换数据，包括字符编码、数据压缩和加密 / 解密。例如，该层可以在与由不同供应商制造的远程系统进行通信时转换表示数据的编码
会话	它负责建立、管理和终止应用程序之间的会话。无线中介软体和访问控制器通过无线网络提供这种连接形式。如果无线网络遇到干扰，会话层功能将暂停通信，直到干扰消失

续前表

图层	描述
传输	提供建立、维护和有序终止虚拟电路的机制，同时屏蔽更高图层接触实施网络细节。这些电路通常是从通信电路的一端到另一端（例如笔记本电脑的网络浏览器到服务器上的网页）的网络应用之间的连接。传输控制协议（TCP）就是这一层操作
网络	它建立了路径确定和逻辑寻址。网络层通过源头到目的地的网络提供分组路由。这种路由确保了数据包的发送方向可以通向特定的目的地。互联网协议（IP）等协议在这一层运行
数据链路	数据链路确保在由实体层连接的两个节点之间可靠地传输数据帧。它管理两个实体之间的同步和错误控制。对于无线网络，这通常涉及协调对共同空中介质的访问，并且在数据传输时，从源头到目的地间可能出现的错误中恢复
实体	实体层通过介质提供信息的实际传输方式。实体层包括同轴电缆、光纤、无线电波和红外光

每一种认知体通信的方式都是在这七个图层之间交叉进行，通常覆盖七层中的一部分而并非全部，因此需要额外的端对端通信管理机制。接下来我会介绍其中几种机制。我想向读者介绍一本由迈克尔·米勒（Michael Miller）编著的好书，通过此书可以了解关于这个主题的更多细节。

- **传输控制协议 / 互联网协议**。目前用于连接互联网和局域网（LAN），实际上，这个标准网络协议被称为 TCP / IP。这个协议中的互联网协议部分提供了一套标准的规则和规范，可以将数据包从一个网络路由到另一个网络（开放式系统互联协议栈中的网络层）。数据包到达接收端后，传输控制协议将数据包转换成其原始格式，并将多个数据包合并为单个文件（开放式系统互联协议栈中的传输层）。要使 TCP / IP 正常运行，每台设备都要分配一个 IP 地址。
- **Wi-Fi**。Wi-Fi（无线保真）网络是家庭中最流行的无线网络。它们利用了轴辐式网络配置，其中所有设备都连接到路由器，并使用路由器作为集线器与其他设备进行通信。每个设备都必须手动配置才能连接到网络。为了保证我家房子是一个安全的环境，我就必须为我的 Wi-Fi 设置一个密码。如果我家中每个认知设备都要通过 Wi-Fi 连接，我需要为每个设备提供 Wi-Fi 密码。如果家里的设备有数百个，例如，家中的智能照明系统，那肯定是不可行的。一种选择是开发一个有层次结构的设备，小型传感器设备连接到主设备，然后通过 Wi-Fi 连接到互联网。

- **蓝牙**。常常通过对等网络连接的蓝牙连接到物联网。与 Wi-Fi 的轴辐模式不同，蓝牙有利于两个设备之间的直连。蓝牙适配器非常小，因此非常适合微型物联网传感器设备。汽车和智能手机广泛使用了这项技术，以用于连接和自动同步。要建立蓝牙连接，两个对等方都需要接收连接。
- **蜂窝网络**。无线服务供应商使用蜂窝技术提供公共网络。蜂窝网络利用覆盖一片地理区域的一个或多个固定位置的收发器建立相邻小区站点。每个小区使用与其相邻小区不同的频率，因此信号不会相互干扰。蜂窝网络具备以下许多理想的特性：
  - 只要是在不同的小区，相同的频率就可以用于多个链路，所以蜂窝网络比单个大型发射机具有更大的容量；
  - 小区信号塔之间的距离更近，所以移动设备比单个发射机或卫星所需的功率更小；
  - 额外的小区信号塔可以无限量增加，同时还不受地平线的限制，因此蜂窝网络具有比单个地面发射机更大的覆盖范围。

身份管理

与人类一样，机器有时会竞争，有时也会相互协作。当它们找到彼此合作的机会时，它们必须在进行通信之前验证彼此的身份并确定它们的角色和关系。通过这种方式，它们能够确定可以共享的内容，是否允许它们进行交易，以及是否应该协作。在某些情况下，机器已经建立在分层组织中。例如，与集中式云服务器连接的传感器和网关按层次结构组织，一旦建立可信赖的通信，就可以基于所安装的软件，无任何限制地发送请求和做出响应。在其他情况下，例如各式各样的物联网，通过蓝牙连接到 iPhone 上，身份验证能够让它们共享访问互联网的途径和远程命令。对 Wi-Fi 集线器、管理员和用户而言，他们可能拥有不同的权限。最后，马路上的汽车可能传达它们想变换车道和踩刹车的意图，并得到其他无人驾驶汽车的准许。

在所有这些情况下，认知体都需要与其他认知体进行通信，在通信之前相互认证身份，建立各自的角色和权利。锁和钥匙是在有组织的社会里为了保护资产而发明的一项重要工具。随着自动化时代推出的计算机，它们借用了锁和钥匙的概念，并转换成用户名和密码。我的钥匙串里有超过一百个密码，而且我没办法记住在特定的网站上是否设置了密码，更不用说关于密码的细节问题，这取决于网站设定用户密码的规则，可能需要大写字母、数字或特定字符等。

但是，锁和钥匙以及相应的用户身份和密码并不具备很多认知功能。它们非常没有特点，只要是携带钥匙或知道密码的人，就都能开锁或进入特定的网站。根据实施情况，它们可能有一套相关规则和人员来协助那些经常忘记密码的人。当机器开始互相通信时，它们是否应该创建成百上千个密码，并将它们存储在电子仓库中？它们将需要密码链管理密码、重置密码以及考虑到可能的安全风险。或者，机器可以使用其他方式来识别其他机器，并确定参与规则。

首先讨论识别和认证过程的目标是什么，然后介绍认知计算如何减少管理密码所带来的麻烦。在一个典型的 M2M 通信中，它们可能需要处理三种类型的关系。

1. **可信任的认知体**：这些认知体被建立为可信的同类，也许是因为它们属于同一个组织。认知体必须公开和自由地共享。这可能包括所有的家用电器，因为它们是处理家庭安全系统、家庭管理系统或正在进行维修访问调度的认知助手。
2. **陌生人和熟人**。这些认知体还不被信任，但是可以根据既定的社会法律法规进行通信。通信应该只包含可公开共享的信息。无人驾驶汽车可能会与其他车辆共享自己的左转信号，提示它想要在道路的下一个路口左转。
3. **劣质的认知体**。就像人类世界中的恶棍一样，这些认知体一旦被怀疑在从事违禁活动，人类就需要不惜一切代价避免继续使用。如果网络元件发现供应自动售货机的线路正在下载热门的电影，那么这可能涉及欺诈性的数据通信活动。

物联网中涉及的成员通过它们的通话或消息中呈现的安全令牌进行认证。令牌表示相关用户和主叫方之间的关系（以及与该关系相关的任何同意或许可）。一旦接收到消息，参与者验证令牌从而验证请求是否与关系或许可一致。如果准许被移除，令牌就会被撤销，并且访问也会被禁用。OAuth 2.0 & OpenID Connect 1.0（一种协议）是启用此模型的两个身份验证和授权框架。可以使用轻量目录访问协议（LDAP）服务器来跟踪所有有效的认知体，这些认知体被分成上述三个种类。

使用 IPv4 的原始 IP 地址提供了大约 43 亿个唯一地址。作为 250 亿个物联网的储备，新格式 IPv6 使用 128 位地址，理论上允许 2^{128} 个或者大约 3.4×10^{38} 个地址。

和人类的指纹识别、语音或面部识别一样，机器可以用自己的身份和过去的行为来识别对方。由此，可以与朋友建立可信赖的关系，同时防火墙还能用于建立共享的规则。公共信息能和陌生人分享，机器也能借助它们的身份记住其他机器，还能将它们作为熟人对待，知道通过某些认知体将这些陌生人重新分类，成为可以信任的朋友或是不诚实的欺诈者。

信息治理

我们将在本节中探讨 3 个主要的信息治理方式：数据质量、主数据管理和信息生命周期管理。认知体需要处理大量的数据。为了体现恰当的功能性，进行良好的治理实践是非常重要的，如果不这样做，可能就会导致重大故障或中断。

与人类一样，机器有时可能会失去通信渠道，无法进行通信，或者缺乏通信所需的信息。数据丢失和相关数据质量评估是通信的一个组成部分。如果通信丢失，机器尝试重新通信，或者在某些情况下可能处理不完善的信息。转弯信号灯表示想要转弯。没有打转弯信号灯的转弯车辆就会产生交通安全隐患。而没打转弯信号灯的原因，可能是人类忘记了或是转弯信号灯发生故障，也可能是能见度太低。在任何一种情况下，其他车辆都必须以类似于目前人类驾驶汽车的方式适应这种不完善的数据通信。

到目前为止，假设由于缺少信息而造成数据质量问题，如何处理有误导性的信息或产生冲突的优先事项？认知体确实是由制造商生产的，并且它被编程来处理与制造商的通信，但是制造商并不总能提出对服务供应商或客户最有利的方案。例如，智能手机可能代表了操作系统供应商、智能手机制造商、服务供应商、支付手机费用以及使用该手机的员工的公司等产生的许多优先级事项。如果指令来源发生冲突，智能手机如何决定服从谁的指令？如果手机被盗用然后被重新使用，新的手机用户的心里肯定不会时刻记挂着最大利益。在特定服务供应商为最优质的客户更改服务流程的情况下，制造商创建的默认流程可能不是最好的处理方式。

支持认知体网络的服务器需要明确地理解所有权的结构。在人类组织中，主数据管理解决方案维护了客户的分层结构，这个结构管理着处理一组共享资产的人的权利和责任。它确定价格、产品所有权和可以发起或接受某些行为的个人权力。更改所拥有的数据可以使用分布式治理流程进行管理，并使用区块链进行记录。随着认知体开始扮演人类的角色，认知体的主数据维护其组织结构、所有权结构、权利和责任。在典型的智能家居解决方案中，系统管理所有在家中操作的认知体的主数据，及其服务供应商、制造商和参与规则，并指定谁可以使用这些认知体。如果无人驾驶汽车的电池由第三方支持，汽车管理系统则必须了解如何找到电池服务供应商的信息，以及当汽车在指定的服务区域之外行驶时，如何找到电池服务供应商来处理无法工作的电池。

认知体能生成大量的数据，并推断出相当数量的结论。它们当然更有能力存储和保留大量的数据，但是它们应该保留多少，又如何决定遗忘什么数据呢？小时候我喜欢喝加糖的咖啡，但是随着年龄的增长，我可能会开始限制自己食用糖分的量。人类的喜好会随着时间而改变。认知体如何跟上这些变化并与人类的发展保持一致呢？信息生命周期在保持数据和结论不断循环的过程中扮演着重要角色，从而保证机器能跟得上变化。

信息生命周期管理也是在信息治理中清理旧数据的一个重要方面。当接收新的数据时，信息保存策略决定了需要保留多少数据。

协商

当我在 20 世纪 80 年代早期完成我的博士论文时，我最初的重点是使用基于知识的推理系统使一个专家系统自动化。然而，美国国防部高级研究计划局组建的计算机网［又称阿帕网（ARPANET）］当时刚好被用来连接计算机，研究人员非常兴奋地与其他人通过阿帕网共享信息，这使我有机会探索分布式通信。当我将分布式解决问题这一块增加到我的博士论文时，我发现自己能够编写智能体之间进行协商的过程和算法。我还发现了许许多多关于多智能体协作的学术研究。但是，大部分建模都是关于人类协商的。由于计算机间通信的原始状态，连接计算机进行相互协商的想法似乎十分牵强。我清楚地记得与马克·福克斯进行了一次重要的头脑风暴会谈，那时候他展示了一个机器将拥有自己的目标并与其他人进行协商的展望。这个社会花了30多年的时间才实现了他的想法，但是那次会谈确实让我提前看到了合作协商和分布式人工智能的可能。

什么是M2M世界里的协商？为斯伦贝谢（Schlumberger）工作的科学家瑞德·史密斯（Reid Smith）设计了合同网（Contract Net），它提供了机器间通信和协商的机制。这项研究工作为我设计认知体之间合作协商的过程提供了一个良好的开端。在经典的多智能体环境中，有多个智能实体，每个实体都有其目标、约束条件和资源。它们可以彼此签订合同，并考虑对它们每个个体而言同意彼此之间进行交易有什么意义。在一个典型的买卖双方交互中，买方想要购买一件商品或一项服务，而卖方正好有这件商品或这项服务，并希望卖出最好的价格。如果是住宅房地产这样的一次性买卖，买方想讨价还价从而以最便宜的价格购得，但是卖方想要最大限度地提高价格。卖方必须要保证买方一直参与这项买卖活动，或者卖方也可以冒着失去买方的风险并承担寻找下一个买方的费用，买方则会担心市场上出现其他买方。在合作协商的问题上，代理人必须通过一些合同，如婚姻中的配偶签订合同那样处理相互之间的关系。在典型的合作协商中，代理人更有可能分享目标和约束条件，找到实现双赢的解决方案。

认知体需要多种类型的协商。两辆无人驾驶汽车同时在繁忙的道路上行驶，这时就必须决定道路的使用权。不像两个在旅行途中争分夺秒轻率鲁莽的驾驶员，具有认知功能的汽车可以遵循当地的道路规则进行协商，并且在某些情况下，例如在交通堵塞的时候，可能需要违反交通规则以实现合作收益。寻求预防性维护的具有认知功能的洗碗机，可能通过调整硬性和软性约束条件达到目的，而无须协调维护技术人员的空闲时间以预约上门服务。在每一个这样的例子中，都有不止一个的代理人，每个代理人都会共享一些信息，他们必须基于协商共同决定一个行为。这一行为可能包括资产转移、共享公共资产或简单地承诺以后的联合行动。人类非常擅长协商，儿童在智力发展的早期阶段就能具备理解能力，这是十分具有认知特点的活动，而且这项能力会发展得越来越好。机器如何相互协商，是否会模仿人类呢？

每个认知体都有一个目标。对无人驾驶汽车而言，其目标是在最短的时间内将汽车从 A 点运输到 B 点。另外，它们有许多硬性或软性的约束条件。不能违反硬性约束条件，而软性的约束条件是个人偏好，有软性约束条件会更好。在一个简单的双代理人协商中，这些代理人彼此交换或交易资源。在一个更复杂的多代理人协商中，可能存在着多方交换，即在闭环中，交易串联着从一对代理到另一对代理。如果一个认知代理人放弃之前的预约，那么另一个认知代理人可以得到一个特定的时间进行预约，并找到一个比之前更好的新预约。人力行政部门十分擅长这三四种交换方式。如果机器接管这个任务，它们必须学习如何像人类一样工作。在我完成博士论文的过程中，我十分自豪地看到数字设备公司生产出我设计的 1MIPS Vax 机器，并对这个机器更快和更好的搜索能力十分有信心。但是，和我合作的人类专家是一位具有数十年经验的执行行政助理，在第一次盲测中，她表现得比我的机器好得多。通过第三次迭代，我开始发现它的聪明才智，以及专注于在约束条件下做出决策的能力。它巧妙地解决了在最受限情况下的相关选择，并对如何把重点放在最严格的约束条件上有着深刻的见解。我的第一代协商算法十分期待地探索了所有的选择，然而在整整一个晚上的搜索之后，都不可能出现类似那位专业行政助理瞬间做出选择的结果。

这个经历为我在多年来处理许多现实世界中的合作协商方面提供了经验。在典型的交通协商中，每个人都必须使用公共道路交通实践来获得他人的认同。驾驶员通常使用手势信号让别人先行通过，接下来受益者则通过向这位驾驶员表示感谢以示回应。汽车制造商如何建立无人驾驶汽车之间的协商通信协议是一件十分有趣的问题。一名优秀的协商者不仅要掌握自己的目标和约束条件，还要考虑他人的感受，以最大限度地提高协作目标（如行驶速度等）。希望认知体在驾驶至目的地所采用的方式方面，比德里的司机做得最好。虽然机器已经在国际象棋和《危险边缘》这个节目中击败了人类，但协商仍然是人类的一项主要任务，机器还有很长的路要走。

精彩回顾

本章集中在M2M通信的四个不同方面。这四个方面共同代表了机器协作所需的许多功能。没有了适当的通信方式，认知体就会回到自动化时代。

首先，我讨论了机器如何彼此连接，以及它们可能使用哪种语言进行通信。为了将信息从一种认知体转移到另一种认知体上，出现了许多十分具有竞争力的技术。本章总结了可选方案，并将其与诸如设备之间的距离和能源需求等工程问题进行了对比。智能手机正迅速成为认知体的通用中心，并提供了许多具有竞争力的解决方案中所没有的便利条件。

第二个话题围绕着建立恰当的信任关系。大部分的对话通常是在空旷的地方使用无线技术。机器需要了解自己在与谁进行通信，并建立连接，以便它们进行通信而不被他人窃听。我描述了不同类型的通信关系，包括陌生人之间的民事行为，其中每个认知体都假定其他人被授权使用公共道路等公共资源，以及保护自己免受故障干扰或恶意认知体的侵害。根据政策互相进行身份认定和授权能够建立可信任的关系。

第三，认知体如何管理它们存储和共享的信息？我讨论了信息治理的三个方面——数据质量、主数据管理和信息生命周期管理。M2M 通信可能会受到数据质量问题的干扰，而认知体将提供弹性机制处理不完善的数据质量。主数据管理必须包括设备所有权和组织机构。随着认知体改变以及所有权被租赁出去，区块链可能能够提供记录和跟踪所有权变更的机制。

第四，它们如何相互协商？机器已经代表人类或组织中的专家执行一些任务。它们必须捍卫目标、遵循制定的政策、与其他机器讨论可选方案，并得出一个有利于实现双赢的结论。这是一种十分困难的认知技能，如果认知体真正在现实世界中合作，那么它们就必须掌握协商这项技能。

我们将在下一章中探讨人机通信，并在第 10 章中介绍机器如何参与人与人之间的交流。

第 9 章　人类对机器的交互接口

去年，我的孙子们出生了，他们将成为在认知体陪伴下成长的一代。根据《商业周刊》及其他杂志的预测，我的孙子们会像我们喜欢骑马那样喜欢驾驶汽车，因为我们认为骑马是一项休闲活动，而不是日常生活的必需品。我和我的妻子也开始和孙子一起探索儿童玩具。大多数能和儿童交谈的玩具具有互动性，但是却相当无聊。当我们按下按钮时，只有几个有限的选项。一个孩子需要多少时间就能尝试完所有的选项并寻找下一个玩具？我们正在寻找一种能和我的孙辈们的认知发展一起成长的玩具。

来自 Elemental Path 玩具公司开发的智能玩具（CogniToys）吸引了我们的注意。智能玩具在与儿童的互动中让他们正确认知而发展，并在与儿童做游戏的过程中涉及拼写、词汇、数学和地理等教育主题。更有趣的是，它需要从对话中学习，父母需要在初始设置过程中告诉它关于自己孩子的内容，并将这些信息应用到游戏中。第一个智能玩具是小神龙 Dino—— 一个绿色或粉红色的小恐龙。它的肚子上有一个很大的蓝色按钮，当孩子们按下按钮并提出问题时，这个智能玩具会连接到在线知识数据库，找出与儿童年龄相仿并能回答这个问题的最恰当的答案。多亏了 IBM 公司的人工智能技术沃森。这个智能玩具不仅能够理解问题，而且能用类似于人类表达的句子来回应："你可以问它一个简单的英语问题，并得到一个简单的英语回答。"在该项目启动前的采访中，Elemental Path 公司的联合创始人约翰·保罗·贝尼尼（V.P. Benini）说。贝尼尼说："如果孩子们提出有关足球的问题，玩具里就会出现一个计算足球数量的游戏。你可能正在问关于足球的问题，但它可能会问你，'你能拼出三分球（field goal）这个单词吗？'"某些话题如宗教信仰，和"婴儿从哪里来"都被称为"需要妈妈来回答"的问题，这个智能玩具会被设置为巧妙地转移这些话题。

具有认知功能的人性化接口是一个见证了许多突破并不断成长的领域。与自动化时代的计算机不同，现在对计算机的新期望是灵活、互动和共情。我们将在本章中探讨一些与人机交互相关的主题。首先，认知体如何验证人类？虽然用户的身份和密码由于与锁和钥匙的相似性而易于概念化和设置程序，但它们也暴露出了最大的弱点——可能被破坏、盗用或被猜出来。好在新的生物识别措施更加具有个人特征，更难被攻破。其次，认知体如何与人类进行交互？正如人类对话里会不断产生数据、音乐、视频、图片和其他表达形式，认知体如何将它们的交互变得有用？再次，我想讨论一下情绪和语调的作用。认知体在感知人类情感方面表现得越来越成熟。它们如何回应情感，以及这种情感是否可以通过其他方式嵌入？最后，认知体如何达成目标，并获得与人类协商中所设计的最理想的双赢解决方案？它们能从人类的协商中学到些什么，并将其融入到与人类的对话中，使它们与人类的交互指向目标和限制条件？

身份验证

我们在上一章中考察了验证机器的身份，以及简单的用户身份和密码可能不足以扩展身份验证。因为人类更倾向于忘记密码，所以机器识别人类的身份会面临更大的问题。如果经常要求用户更改密码，那这些问题就会加剧，并让用户体验变得很差。目前正在逐渐普及其他的一些身份验证手段（如图 9-1 所示）。

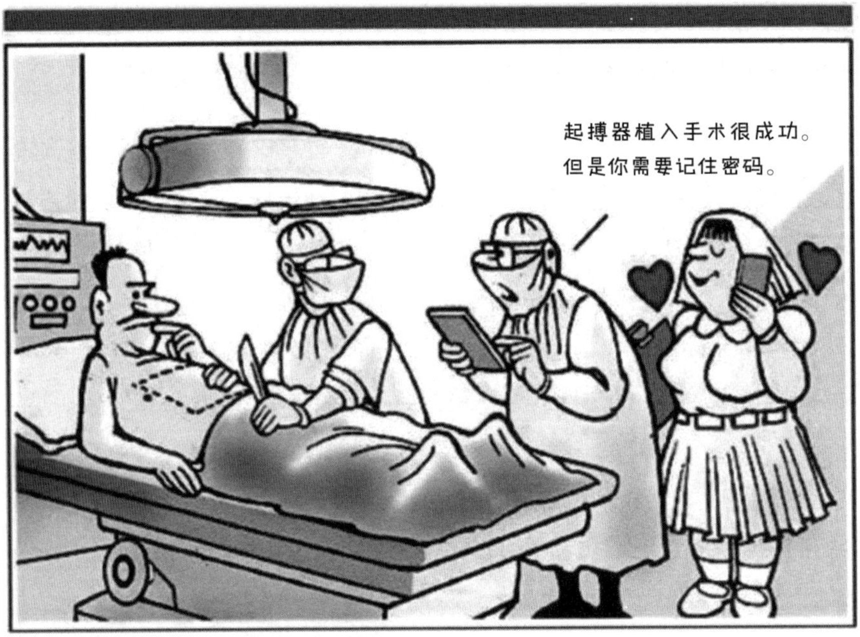

图 9-1 记住密码

（苏尼尔·阿格瓦尔 & 阿吉·尼楠绘）

指纹和掌纹一直是十分流行的验证形式，即使在刑事起诉中，它们也被认为是十分可靠的。目前，澳大利亚拥有世界上最大的掌纹库。新的澳大利亚国家自动指纹识别系统（NAFIS）包含 390 万人的指纹组，这个指纹识别系统已经用于识别在犯罪现场出现的 64 000 个指纹和掌纹。用于指纹数据交换的美国国家标准协会 / 国家标准技术研究院（ANSI / NIST）的国际标准使得警方能够在必要的时候在警队之间交换指纹记录。在执行合同期间，收集签名人指纹一直被认为是一种不仅可以验证签名人身份，并且能够防止伪造，还可以保护公证人免受不法行为指控的方式。正是出于这些原因，加利福尼亚州于 1996 年通过了一项法律，要求公证人为某些文件的签名人获取刊物上的拇指指纹，这就解释了为什么美国有许多公证人在其官方公证杂志上持续不断地记录签名人的拇指指纹。消费者技术终于赶上了这种验证形式，智能手机已经开始使用指纹作为可靠的验证身份的形式。对于苹果公司的 iPhone 手机，通过指纹验证身份可以运行支付授权以及登录多个应用程序。于是，只因为沾了一点点水，或是手指上粘有任何其他东西，都会让指纹验证遇到问题。大多数身份验证机制都提供基于密码的身份验证作为备份，并且在某些情况下，例如 iPhone 重新启动后，通常需要密码来验证。

基于计算机的语音识别是另一种身份验证机制，当消费者呼叫服务供应商时这项技术十分管用。通过比较通话中的语音印象与存储的声纹，呼叫中心的软件可以对客户进行身份验证。有两种验证身份的方法，一个是软件会要求客户朗读特定的句子，另一个是软件将利用通话中的语音印象进行身份认证。第二种方法的技术正日趋成熟，并且越来越可能使用通话中的声音进行身份认证。与早期的基于语音的身份验证不同，新一代技术是被动且透明的。在呼叫者和服务中心的工作人员对话期间获取所需的语音验证数据，排除了任何烦琐的验证问题。身份验证过程是独立于文本的自由格式。顾客不必陈述任何特定的词或短语，这一方面曾经可能导致大家担心个人的片段式语音的录音会被用来盗用账户。但实际上，它使用内容、语言和与口音无关的验证过程。捕捉客户的声纹与对话内容无关，而是由声道长度和形状、音调和说话速度这些特征与所存储声纹的匹配程度决定的。系统最初会录制一两个对话，提取与客户不同的语音特征，自动创建参考声纹并将其存储在安全目录中。说话者的生物特征数据本质上是独一无二的，使得该技术比任何基于密码或设置“挑战性问题”的过程都要安全。银行和金融服务公司已经开展了试点项目，从而了解客户如何使用和应对这些项目。万事达卡（MasterCard）正在开发语音识别技术。美国汽车协会联合服务银行（USAA）正在结合面部和语音识别技术，根据不同的情况，客户会读出一个短语来访问他或她的账户。在澳大利亚，联邦税务局正在使用语音识别访问账户。只要说话者能够正常讲话，语音验证就可以正常工作。很重的鼻音或发音含混不清都可能使语音识别失去作用。

与声音、指纹和掌纹相比，虹膜扫描提供了一种更好的识别方式。这是一个数据非常丰富的生物识别的测量方式，同时能够受到来自外部环境的良好保护，每个人都拥有与众不同的识别信息，并随着时间的流逝稳定地保存下来。表 9–1 对比了各种验证过程的相对精度。虹膜识别技术实际上比电影中通常描绘的场景更加先进。电影中我们经常看到演员靠在扫描仪上，实际上就是把他们的眼睛贴到扫描仪的屏幕上，然后静止不动，耐心等待识别结果。实际上，目前的虹膜识别技术能够在 10 英尺的范围内，在不到一秒的时间内识别用户。即使用户在不断移动，或是佩戴了隐形眼镜或框架眼镜，虹膜扫描技术也能识别出用户，这都要归功于捕捉技术的进步。

表 9–1　验证技术的对比

	识别错误率	安全性	应用
虹膜扫描	1/120000	高	高安全性的设施
指纹	1/1000	中	全球通用
手形大小	1/700	低	低安全性的设施
面部识别	1/100	低	低安全性的设施
签名	1/100	低	低安全性
声纹	1/30	低	电话服务

认知交互

消费者和组织机构之间的通信会采取各种各样的表达形式。这些通信过程使用各种通信媒体，包括语音和手势。任何在会议室举行的现代会议都需要白板，参会者共同在白板上绘制，分享他们大脑中的模型。音乐、图片和视频通常用于增强表达。想象一下房间里有一群顾问或技术架构师。总会有一个突发状况吸引大家的注意，专家们会通力合作巧妙地解决这个问题，利用手势表明他们有话要说。而且在这种情况下，他们通常会利用非传统的手段来吸引其他人的注意力，例如拍手、跺脚、手握成拳在桌子上敲打、提高音量，或者威胁说要离开房间。他们还与其他人合作制定方案，并可能采取协作行动，如互相看对方、眨眼或击掌。有人负责制定和起草方案。记录者忙着写下所有内容，专家们轮流提出新想法。如果将认知体作为记录者、组织者、参与者或专家会是什么样呢？为了支持，协作或主导对话，这些认知体必须使用各种各样的通信技术，理解对话内容并引导对话走向，以及能够主动地在需要的地方获取控制权。本节将讨论通信媒介和认知体的对话管理能力，并以实例说明现实世界的“终结者”能够与人类对话者进行何种程度的对话和协作。为了参与人类对话，机器人开始使用许多通信媒介和认知能力。让我们来探索一些我们理所当然地以为是人类特有的认知能力，并且从现在开始训练认知体，这样它们才能正确地与人类交流。

- **视觉。**认知体使用其摄像机并应用视觉分析，从而将视觉构建为一种认知能力。它们能够利用自己的视觉来区分不同的人、动物和静止的物体，统计会议室中的人数，以及他们的相对位置，识别出他们的面部特征和他们所表达的情绪。协助保险呼叫中心服务的认知助手应该能识别汽车型号，从照片中读取车辆识别码（VIN）图表，并在记录事故时评估汽车受损情况。在街道上行驶的无人驾驶车辆需要识别道路和交通模式，周围其他车辆的移动情况，特别是那些在它们的盲区内移动的汽车。

- **运动检测和响应**。下一个认知能力围绕运动情况展开。人类通过走向彼此，与其他人握手时与其他人动作保持一致，给予和接受拥抱，同步手部动作与另一个人击掌这些方式实现互动。在与人类的互动交往中，认知体需要这些认知能力来表达一种友善的姿态，比如拥抱。它需要认知能力来理解别人做这些动作的原因，并对这些动作做出反应。认知体还需要有检测运动状态的能力，并且能够避免倾倒或碾压它们周围的物体。人类需要很多年来学习如何接近另一个人、握手、避开障碍物，以及遵守华尔兹的舞步规则。然而机器人在成为专业的舞会舞者之前还有很长的路要走。
- **听力**。认知体还需要倾听能力来理解和跟踪对话、检测人的情感并理解所说的内容。听力技能需要多层次的认知。第一，认知体必须能够从话语中区分出单词和句子，这十分困难，因为在从一个单词或句子到另一个单词或句子的过渡过程中，人类所使用的语言差异很大，而且人们会有不同的口音。第二，它们必须能感知所表达的语言。在大多数技术类的发言上，人类在标准词典里的词语之外引入了许多专业术语。认知体必须能够运用本体来理解标准语言中添加的技术术语。接下来是解析句子、理解句子意义这个难题。现在大多数智能手机里都有智能助手，能够帮助手机使用者在联系人列表中查找姓名和电话号码、安排约会、记笔记以及在应用程序中进行搜索以查找地点或查看天气。但是要求认知体听取很多专业人士的意见，而且还能理解所有的意见，是一个更加困难的问题，要理解那些有着自己的语言和口音的小孩就更难了。看到智能玩具能够理解儿童的话语并参与他们的讨论，我感到十分惊讶。
- **对话**。自动化时代为我们提供了一种新的非直观方式来处理交互——使用分层菜单。这些菜单有多种形式，而且它们无处不在，包括交互式语音响应单元（IVR）。用户很难记住菜单的层次结构和遍历，或者在应用程序中，这些小的屏幕使得看清楚菜单并按照提示操作十分困难。消费者反应十分迅速，通过学习如何打出“0”，选择退出交互式语音响应单元，从而与一名人类代理取得联系。认知对话结束了这种简单粗暴的行为。它引入了一个虚拟的聊天助手，能够代表一个单一的接口，其中用户可以通过它来发布一个命令，同时屏幕可以重新动态配置，以处理下一个对话。出色的对话管理保留了议程，允许情境切换，并有效地使用菜单和按钮来提供打字或发言的替代方案。

我正在寻找一种能展现上述所有认知能力的认知体。我很荣幸地见到了软银机器人公司（Softbank Robotics）创造的会话式认知机器人佩珀（Pepper）。欣赏佩珀是一种乐趣，因为它灵巧地涵盖了上述所有的认知能力。尽管它的身型十分小巧，却装载了非常多的传感器来协助它施展无可挑剔的功能。它能够识别声音并验证说话者的身份。当说话者在它身边移动时，它能够直接跟上并转身。它能用大量的电机表演一段十分有韵律的舞蹈，而且不会摔倒。它还能够利用许多原始的交互式语音响应单元中不常见的类似于人类的那种流畅度来进行交谈和转换话题。

佩珀使用位于它脑袋上的四个定向传声器进行交互。这些传声器让它能够检测出声音是从哪里传出来的，同时也让它能够验证个人身份并鉴别其中所包含的情感。佩珀能够在复杂的环境中工作，这要归功于它的 3D 相机和两个高清摄像头，使它能够识别动作和面部情感。如果你十分快乐，佩珀会分享你的喜悦；如果你十分难过，它则会安慰你。佩珀不仅能使用它的平板电脑帮你做出选择，还能表达自己的情感。感知、适应、学习和选择之间的这种持续不断的对话，就是由众所周知的情感引擎产生的。多亏了它的防碰撞系统，佩珀能检测出人类和障碍物，从而减少意外的碰撞风险。佩珀也能够保持自身平衡，如果有人撞到它，它也不会摔倒。三个万向轮使它能够以最快达每小时 3 公里的速度 360 度全方位自由移动，为了以相当高的精度控制它的动作，不少于 20 个发动机（位于头部，手臂和背部）被投入使用。

YouTube 上有许多视频来演示佩珀多方面的功能。二维卡通动画制作系统 Animo 将其语音识别技术应用于佩珀的语音验证。在接受财经频道 CNBC 消费电子节目采访时，阿尔德巴兰（Aldebaran）机器人公司首席创新官鲁道夫·格林（Rodolphe Gelin）介绍了佩珀，并在采访中将它作为联合演讲嘉宾。佩珀能够参与和引导对话、表达情感并回应财经频道记者的友好提问。

汽车正在迅速获得交互能力。我的 2015 年款的讴歌 TSX 汽车能够在盲区中检测到其他车辆并提醒我。它通过自动校正车道和轻微地转动我的方向盘，使我始终行驶在自己的车道上。但是，制造商并不提倡全自动驾驶。这种车更高配置的那一款可以在安全距离内跟着前面的车。讴歌使用连接在车上的一系列摄像机来完成这一切。许多汽车都提供改进后的信息娱乐认知接口。例如，大众汽车公司正在推出其 e-GolfTouch 车型中搭载的更高配置的功能，这款车即将推出市场。从名字上可以猜到，它包括一个 9.2 英寸[①]的触摸屏信息娱乐系统。系统还可以通过自然感的语音交互以及手势进行输入。它还拥有一个全数字化仪表盘，和大众汽车公司在 2015 年中期推出的奥迪子公司研发的 TT Roadster 这款车的仪表盘一样。如果你认为 e-GolfTouch 的数字显示屏十分先进，那么大众 BUDD-e 这款车将更加超出你的想象，它有三个围绕着驾驶员的显示屏，那些功能根据使用者的需要在显示屏上下浮动。大众汽车展示了早期的应用程序，BUDD-e 这款车可以连接到你的智能家居系统，根据你的位置和环境开启或关闭某些操作以进行协调（例如，你将工作 8 小时或在超市停留 1 小时）。在食品方面，这个应用程序可以连接到你的智能冰箱，并提醒你在出门的时候带上更多的啤酒。

情感、创造力和隐含意义

早期的科幻小说把认知体描绘成对人类情绪不敏感的毫无情感的智能

① 1 英寸≈2.54 厘米。——译者注

体。设想一个有 60 亿人和 250 亿认知体的社会，其中认知体将人类带入了一个合理的团体结构。自动化时代没能把人类社会变成一个毫无情感的社会。尽管呼叫中心的自动化技术取得了一些进展，消费者却选择了属性严格的菜单和毫无情感的数字智能体。我尊敬的赫伯特·西蒙教授，曾因为这个重大发现——人类是非理性的，而获得了诺贝尔经济学奖。虽然我们拥有具有创造性和情感的心态，但是因为我们总向世界投射出一个冷静和精细计算的形象，所以这种心态有时可能会隐藏起来。我们爱上了不断产生新想法、跳出思维定式思考问题的方式。如果认知时代最终获得成功，那将是因为它学会了处理人类的情感和创造力（如图 9–2 所示）。

图 9–2　有意识的机器人

在关于呼叫中心的那个典型讨论中，消费者并不总是直接表达自己的真实意图。他们假设呼叫中心的工作人员能够理解他们的语句，从而发现其中隐含的意义，并根据他们所表达的情感采取应对措施。如果我的智能电视突然没有了声音，当我说“电视正为我带来非常棒的无声电影时代的观影体验”这句话时，我并不希望呼叫中心的服务代表感谢我的反馈并挂断电话。一个随意的关键词检索来检测我表达出的情感，它可能会将“非常棒”这个词理解成我对电视目前的表现很满意。不过，我说的这句话表达的是讽刺，除非服务代表十分熟悉他或她的奶奶看无声电影的时代，实际上他们很可能不了解情况。当消费者彼此交谈时，特别是与服务提供者交谈时，他们经常使用不同的情感态度——沮丧、愤怒、悲伤或讽刺来表达他们关于服务的问题。认知体必须理解情绪，和消费者产生共情，深入到问题根源或更深层次的问题，并解决问题。认知体也必须要会匹配，并且不能过度理解情绪。有人提出一个简单的问题，并寻求一个有效的答案，在这种情况下，他们可能会因为得到满怀感情但是拐弯抹角的回应而感到沮丧。因此认知体做出的反应必须与客户的情感强度相匹配，并寻求利用同理心消散客户情绪的方法。

情感可以通过消费者说话的方式以及消费者表达他或她的问题时选择的词汇检测出来。语音学负责研究一种语言的物理语音，以及这些语音如何用特定的语言表达出来。在了解呼叫中心那些客户来电时，语调模式起着重要的作用。一个怒气冲冲的人可能会和一个感到困惑的人使用同样的词汇，然而，他们的语调不一样。

性格特征对我们如何与他人互动和交往方面产生了深刻的影响。为了改善交互方式，认知体应该如何衡量对方的性格特征从而恰当地选择交互方式？餐厅里优秀的服务员可以根据顾客的谈话风格调整他们的服务形式，从而让自己挣到更多的小费。认知体如何衡量正在与它们相处的人的性格特征？衡量人的性格特征的方法之一，就是分析他们使用的词语。通过分析一个人的口头或书面语言，可以创建一个性格特征图表。我使用了 IBM 的蓝迷（Bluemix）中的沃森人格特征洞察（Watson Personality Insights）软件来分析我的一些日常写作（你可以使用 IBM 蓝迷应用程序在你的文本样本上尝试这项服务）。我在我撰写的母亲的传记中展示了我的性格特征（见图 9–3）。这与我在商业写作中（例如本书的手稿）展示出的性格特征有所不同。我能预料到这样的结果，因为我的商业写作可能更多地反映了我的工作角色，而个人写作反映的是我非工作时间的角色。

隐藏在数据背后的你的人格特征

名称	数值
五大模式	
开放度	98%
求异	94%
审美	26%
情感丰富	5%
想象	96%
智能	100%
敢于挑战权威	97%
责任心	82%
成就	84%
尽职	28%
条理性	14%
自律	54%
自我效能	92%
外倾性	8%
活跃度	15%
果断	29%
热情	2%
冒险	2%
社交	6%

可视化人格数据

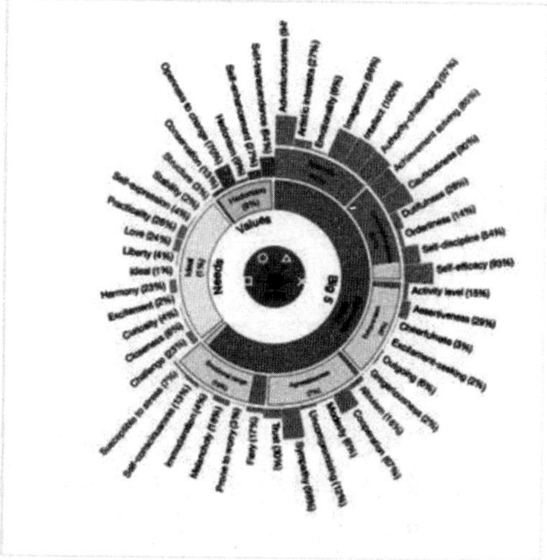

图 9–3　人格特征洞察

人格特征洞察将作者选择的词汇与基础词汇进行对比，然后选择相应的心理维度。根据测算，从我的个人写作可以看出，我选择的那些词汇展现出了我外向和爱冒险的人格特征。

当他们表现出令人愉悦的性格特征时，具有认知功能的代理人是能够高效工作的。当我看着佩珀时，我想的是带它回家，因为佩珀有一张漂亮的脸，并展现出令人愉悦的个性。越来越多的设计师在认知体的物理设计中引入积极的情感。在家里或在办公室里，仔细看看你周围的物品——桌子、台灯或门——你会发现这些没有生命的物体和人类的特征有很有趣的相似之处，如眼睛或嘴巴，或者从一个微笑中表现出来的复杂的人类情感。我们可能不会根据我们对产品特征的看法做出购买决定，但可能会根据这个物体与人类特征的相似度而无意识地产生更加深刻的印象。产品设计鼓励引发出各种各样的促进因素，当这些促进因素组合在一起时，就产生了对产品本身的意义以及它所代表的感知情绪的理解。顾客通常更倾向于选择能引起愉快感受的熟悉特征——弯弯的眼睛或上扬的嘴角等特征都能表现出友好的态度，这种友好意味着愉悦，并且最终远胜于其他类型的面部表情。

谈判/消除歧义

让我回顾一下第3章中的客户交互场景（如图3-3所示）。客户使用应用程序与无线服务供应商进行通信。“我的合约什么时候到期？”具有认知功能的大脑驱动的应用可能会考虑在当前合约结束的日期做出回应。然而，随着不断深入挖掘数据源，它发现该客户最近已经搬家，而且新家里的网络质量越来越差。这个应用程序现在有新的而不是由客户分享的信息，这可能与当前的讨论密切相关，因为客户可能来电寻求帮助以权衡目前可以做出的选择，也可能选择取消该项服务并在有竞争力的供应商那里开新合约。无线供应商可能会提供Wi-Fi产品，以提高信号很难覆盖到的地区的信号强度。应用程序可以将上述情况转化为销售新产品的机会，而不至于失去客户。

这种情况描述了双方之间的沟通如何揭示之前未能涉及的全新事实和约束条件。合作谈判的一个重要方面，就是我们能够在参与谈判的各方之间分享目标、约束条件和选择，并提出一个能让各方受益的双赢的解决方案。一个成功的谈判会涉及对这些问题的解答，并且仔细地解决后续产生的问题，而不会显得特别具有侵略性。毕竟，电话公司可以推断客户搬迁到一个新住址，但他可能还没有准备好告诉全世界他已经搬到女朋友的公寓里了。一个错误的问题可能会让对话进行得不顺畅并难以获取良好的结果。

销售谈判通常需要多重考虑。在传统的销售中，卖方必须在销售产品之前听取客户的意见并了解他们的需求。同时卖方也有一些宣传活动，并有一个最大限度地销售促销项目的目标。因此，需要权衡主动和被动销售二者之间的关系。优秀的卖方非常善于倾听客户的意见，了解客户的需求。不过，他们可以在适当的时候增加促销产品来提升销售量。促销可能是最终的目标，但买卖双方之间如果缺乏信任，那么促销就无法进行。复杂的合作谈判将时间、对话和信任等要素带入会话中，从而将对话统筹在一起，既有目的性又有针对性，却不会对买方施加压力。

精彩回顾

本章涵盖了人类与认知体交互的许多方面。我以一个儿童玩具为例，它能与小孩子交流，并且推断出他们的喜好和兴趣。机器人提供了使认知体人格化的一种机制。只有使用适当的身份验证机制才能保证认知体与授权人员进行交互，这对于它们来说非常重要。我们考虑了很多除了用户名和密码之外的验证身份的方式。诸如语音输入、面部识别、指纹和虹膜识别之类的机制，它们提供了更复杂的身份验证方式，但这些不需要记忆一长串十分难懂的密码。以佩珀为例，一系列的认知交互被推出，包括视觉、听觉、感知身体动作和对话。下一个话题是关于语调和心理特征的研究。通过研究语调和词汇的选择，认知体可以推断顾客的情绪和心理状态。最后，我们看到了认知体如何能够谈判和消除对话中的歧义，因为它们将积极主动的对话风格与被动的问答交互和混合。

与人类的交互是机器证明其可用性的最大考验。与自动化时代不同，认知体有潜力提供更友善、温和的交互方式，从而使人类更容易接受机器作为认知群体。除了支持人类-机器的交互外，认知体还可以帮助人类进行人与人之间的互动。下一章将讨论这些互动。

第 10 章　认知体如何协助人际沟通

四个朋友正尝试约着一起吃晚餐。

我们能聚在一起吃个晚餐吗?

好主意，什么时候吃?

你们想在哪里见面?

你们喜欢哪种类型的食物?

对于大家来说哪个餐厅最方便?

对大家来说哪一天最方便?

需要我去接你们吗?

或者他们可以选择他们上次聚会的地点，即使大家都会抱怨那家餐厅和那里的食物。除了不停地发信息、打电话和发电子邮件之外，还有没有一种方法可以让认知助手整理可供参考的选择、偏好、约束条件，并给出一系列根据个人喜好排序的选项?

企业里类似的情况则更为普遍，也更加令人痛苦。为了让几个终日忙碌的公司主管碰面，他们可以把这个任务分配给他们的私人助理，助理将根据他们的日程安排，精心挑选几个可以满足每个人日程安排的见面时间以供选择，在这个过程中如果和其他安排产生冲突，助理就会取消其他不太重要的活动，从而让主管们能在活动间隙见面。

现在设想几位企业律师正在通力合作完成一套组织之间的联合协议，或几名医生，包括一个全科医生和几位专科医生正在共同决定重症患者的护理方案。在零售店里销售人员和顾客之间的典型对话中，当销售人员了解顾客需求、顾客也了解正在销售的产品时，才会产生咨询讨论。我们可以利用认知助手来帮助和支持这些人际交往吗？他们将如何组织自己并支持人际交往？

认知助手或人类助理如何支持人际交往？这是一个集多个功能于一身的认知代理人，还是与每个个体相关的认知代理人？它们是否会先互相讨论以消除其中的许多选择，再将最终的几个方案提交给人类进行选择？它们将如何了解所有硬性和软性的约束条件和偏好？他们是否会经历一个费时费力的过程来收集那些约束条件，而这个过程可能需要花费与协商本身一样多的时间？它们会做出一个方便大家的选择，还是会更重视高层主管中日程安排或时间安排最紧张的人呢？他们是否能制定出一个有层次、能反映企业组织的结构，并根据其目标来分配任务？

第 8 章介绍了机器与机器交互，并展示了认知技术如何被用来实现彼此交互。在第 9 章中，我讨论了认知体和人类之间的交互。我将在这一章中把讨论延伸到人际交流，展示技术如何才能成为聪明的代理人，可以用于收集事实、创建备选方案、评估和排除不太匹配的选择、解决约束条件以及完成交易。本章包括 4 个主要议题。首先，我们会看到发现信息或者认知体将如何收集和整理结构化和非结构化的信息来支持人际交流。其次是备选方案的生成和优先次序。为了提高人际沟通的质量和工作效率，机器可能会做得比协助和组织支持数据更多。它们可能会使用这些数据来生成备选方案，评估这些方案并寻找改进方法。再次，我们将考虑如何利用这些信息来支持人类对话。认知体是会听取对话、组织材料，还是在对话中积极地进行沟通？最后，如何利用不同的组织模式来组织智能——集中式还是分布式组织，这取决于沟通中的具体要求。

信息融合与挖掘

让我们从上一节描述的朋友之间的对话开始。我们最有可能在他们的智能手机上看到这样的对话，他们可能使用短信、语音通话或是社交应用中聊天客户端的私信功能，如 Facebook 的信使（messenger）。在任何情况下，对话都有可能在智能手机上被听取和理解，当然需要在手机使用者允许的情况下。目前在典型人际对话中，物联网被动地参与、执行了大量自动化时代的任务。在这种情况下，这些设备可能参与了消息的编辑、传输、存储和检索。用户可能正在使用智能手机上的应用程序来查找餐厅的地址，看一看它们的评分和菜单上提供的食物种类。用户也可能依靠人际交流估测到餐厅的距离、是否有空桌以及个人偏好。虽然这些信息是以数字化方式创建并可供智能手机使用，但是它仍然需要很多人共同合作，才能让所有人都能看到这些信息。这些设备能否积极参与信息整合与发现的过程？

对语音通话来说，首要任务是将语音转换为文本，以便机器能够理解对话。正如第 5 章中介绍的那样，倾听发言是认知体的重要观察技巧。现在大多数智能手机都能够接受语音输入并将其转换为文本。根据不同的情况，如果某些对话以其他语言进行，还可能需要翻译。

一旦对话以文本的形式呈现出来，接下来就可以使用执行文本分析的自然语言分类器进行理解。这些分类器将原始句子分为不同的意图，从而给句子赋予意义并解释对话的主题。例如，分类器可以检测出要求召开晚餐会议的许多方式。无论一个人是打出“我们要不要一起吃晚餐”还是“你今天晚上有空出来吃饭吗”，这两句话都代表一起吃晚餐的意图。高质量的分类器还可以调整拼写的变化，并可以过滤出闲聊的话题，持续关注句子的真正意图。

情境在理解句子时经常起着十分重要的作用，并且还可以用作解释意义的一种手段。它可以连接代词，将代词指代与前一句中的名词相关联。此外，如果我在回应晚餐邀请时表明“在哪里”，那么“在哪里”必须作为连接词提问，进一步阐述与晚餐邀请有关的特定地点。大多数自动化时代的软件都强制显示出对话或者完整地描述出这些陈述，这却使软件难以理解人类对话。随着认知理解技术的不断提高，填补对话中的空白和插入隐藏事实也变得更高效。

我的智能手机一直被我带在身边，它能够跟踪我的位置。位置信息也可以汇总，以创建我的工作地点、家庭地点和其他常去的地点。位置数据也可以用来揭示我经常通勤的路线，步行、开车或乘坐公共交通工具的频率，以及我会在哪里停下来喝杯咖啡。4 位朋友有兴趣一起共进晚餐，这个信息量是相当大的，对人类的认知能力来说，处理这些信息十分困难，但这是认知体最擅长的方面。利用过去数周的信息，它们可以很容易地找到最适合见面的地理区域。

另外一个有意思的方面是隐私。你愿意和朋友分享你经常到访的地点和通勤路线吗？也许不会，尤其是当你刚开始和一个新认识的朋友约会，还没有准备好与你的朋友们共享这个消息时。然而，你可能很愿意与一个具有认知功能的预订晚餐的应用程序共享，它可以利用原始数据为你的朋友创建一个方便见面的地点，而不会泄露你所有的经常到访的地点。

更多截然不同的信息可能需要进一步地整合。软件能够更有效地将历史对话、喜好和厌恶以及来自其他人的餐厅选择和评级的信息联结起来。随着智能手机在社交活动中的广泛应用，手机将所有这些信息都集中在用户使用的许多应用程序中，等待被整合并用于一些有价值的事情，比如为一群朋友选择最好的餐厅。本地的餐厅可能更愿意将这种整合的方式变现，因为这就给了它们一个推销“四人晚餐”的机会。

生成备选方案和优先次序

到目前为止，这个软件能够听取对话，并确定晚餐聚会的意图，还能够发掘、整理、整合地理位置和餐厅数据，从而组织大量的信息。一个偷懒的解决方案可能进行到这里就结束了，然后会向客户提供结果，让他们自己做剩下的事情。然而，认知解决方案还可以生成和优先考虑备选方案。为了达到这个目的，它现在必须收集更多的背景信息，并执行一系列的认知任务。

最初的讨论从一个朋友提出“我们可以一起吃个晚餐吗？”这个问题开始。在这次谈话中，“晚餐”是真正的目的和硬性的限制条件，还是“见面”是真正的目的？因为见面可以是晚餐，也可以是周日的早午餐。在任何人类协商中，都有目标和限制条件。一些限制条件是硬性的。“周三晚上我不能见面，因为我必须在周四完成一项工作”。有些限制条件却是软性的，例如，“聚在一起吃晚餐非常不错，但如果很难找到一个合大家心意的晚餐地点，改为一起吃午餐也不错。”认知体如何识别和使用目标和限制条件，从而生成和评估备选方案？

解决方案可以使用限制条件导向的推理来生成。解决方案空间描述了决策可能采取的所有价值。例如，朋友之间聚餐的请求意味着在接下来的几个星期内的某个时间一起吃饭，而不是在几个月内。通过使用限制条件，认知系统可以缩小选项的范围。本来只有一些有限的日期可行，因为有的朋友无法出席，其中有许多选项就会被剔除。如果一个朋友忙于工作，或者一周中有 4 天都在四处出差做咨询工作，他具有的限制条件就更多了，他的日程安排就会成为聚会的一大障碍，所以应该先问一下他能够出席的时间。在了解了他的限制条件之后，解决方案空间可能会变得更窄，只能在接下来的 4 周内的周四、周六和周日实现。

在我与赫伯特·西蒙讨论的一个话题中，他向我解释了决策与解决问题之间的区别。自动化时代的计算能力更善于做决策。如果已经完全确定了所有的目标和限制条件，那么可以通过在搜索空间上工作并列举出许多备选方案，应用数学规划的解决方案来生成最佳的解决方案。在一个典型的决策任务中，所有变量及其值都是已知的。决策者有一个更小范围的目标即寻找一系列价值，从而优化他所服务的企业的目标。但是，解决问题包括一个创意元素。变量及其值不再已知。有可能生成人们意料之外的全新备选方案。可能会偏向某些限制条件，这样也不错，但是如果有需要，可以稍微放宽这些限制条件。所有高效的行政助理都非常善于解决问题。对他们来说，没有什么是非黑即白的，任何事情都可以为高优先级的要求而改变。为了响应晚餐的要求，通过引入早午餐这个选项，解决方案空间获得了极大的扩展。一个语义模型可以生成新的选择，而且接近目前的备选方案。任何具有常识的人都知道，“早午餐”和“晚餐”都是朋友们聚会的好时机，如果不能安排合适的“晚餐”日期，那么可以用“早午餐”代替“晚餐”。

下一步是可用选项之间的权衡。在我的例子中，备选方案包括日期、见面次数、餐厅选项和乘车选项。选择是基于菜单、餐厅质量、便利程度、停车选项、喜好和厌恶、历史见面地点和多样性选择等。权衡引擎可以组织这些备选方案，根据目标和约束条件对它们进行排序，剔除比较差的备选方案，并且在为朋友提供最终的两三个选择时列出其所有的优缺点以供参考。

会话协助

如果具有认知功能的日历中的事件管理器可以执行所有这些步骤，那么如何向朋友们展示这个结果呢？如果他们互相发送信息，应用程序是会控制、提供帮助，给出有用的提示，还是被动地管理信息？尽管它有能力提供帮助，但其协助水平必须根据人们的偏好来衡量。这种协助可能非常被动，在这种情况下，认知体只有在被问到时才会提供建议。它也可能表现得积极主动，在这种情况下，认知体在对话当中就会提供建议。

我将用体育节目的报道作为一个例子，来展示认知体如何协助朋友之间的实时讨论。我一直对体育节目制作能够让专家团队来报道一场实时赛事，同时还能让观众参与其中的方式十分着迷。整场比赛秩序井然，配合得像发条装置一样。这几乎就像看了一场电影，只不过电影实时播放的现场只能用一小段时间来处理灾难性突发事件。

随着比赛的进行，评论员借助他们的专业知识来观察比赛、优先关注重点区域，并对比赛的亮点和槽点进行评论。导演则负责调整大量数据，将事件综合成有意义的见解，并引导评论员关注特定的重点领域。它包括回放动作，关注观众可能错过的东西，关于比赛进程的统计数据或关于选手的细节。与此同时，统计人员和编辑正在努力发掘和组织历史信息，其中一些是结构化信息（例如，网球比赛中双发失误的数量，或者美式足球中一方控球的时间）。然而，正在被组织的其他信息则是非结构化的，例如即时重放，这个时候编辑信息的人员必须做出何时开始、重放多少以及在屏幕上的哪个地方进行注释以便为观众提供关注点等决策。

人际交流可以以类似的方式获得支持。与观众交流的评论员代表着人际交流。在体育评论的案例中，软件越来越多地提供支持，例如维持统计数据、测量网球比赛中的发球速度、记录和回放比赛。相同类型的支持也可以提供给任何其他的人际交流。在客户和呼叫中心代理进行销售交谈的案例中，认知体可以观察对话，从后端系统获取相关事实，理解问题，将其与市场营销活动整合，并为客户提供最适合他的活动。同时呼叫中心代理仍然负责整个通话过程，并能够协调对话，使用软件进行一系列的支持任务，这些任务通常会在与客户交谈的过程中对他或她的认知注意力提出很高的要求。

认知体可以在帮助朋友找到见面地点方面发挥更积极的作用。具有认知功能的会议策划者，有可能扮演中间人的角色。它可以利用任何平台提供的消息。这些消息可以通过智能代理进行传递，智能代理还可以使用区分标记为消息添加专家建议，从而提供超出消息传送系统的价值。

认知体可以补充人际对话的另一种方式，即当残障人士参加会议时，在交流过程中为他们提供帮助。如果有盲人参加会议，那么盲人如何理解周围人的肢体语言，又如何判断他们是否正在进行交流？在已经圆满结束的微软开发者大会的主题演讲上，软件工程师沙其·谢赫（Saqib Shaikh）做了一个充满诚意的展示，他概述了一个正在进行的研究项目，该项目使用机器学习和人工智能来帮助视觉障碍者更好地“看”周围的世界。展示中有一名盲人参加了一次会议，并使用认知辅助工具来描述周围的人对讨论做出的反应。还有一个场景显示这位盲人在一家餐厅使用认知助手，以便在点餐之前浏览菜单。这些例子表明了认知体如何帮助残障人士，并为他们提供弥补缺陷的能力，如弥补失去的视力、语言能力或听觉。在以上两个例子中，认知体都是被动参与其中。通过让认知体为他的日常活动提供认知输入，沙其·谢赫有效地证明了这一点。

组织的沟通交流

到目前为止，都是关于个人层面的人际交流。处理组织的沟通交流则复杂得多，而且在认知能力上十分具有挑战性。大多数大公司的高层管理人员积极使用博客和视频直接与全体员工沟通。作为回应，他们收到大量员工的建议，尤其是在涉及组织上的重大变革时。通常情况下，员工很难搜索到所有的博客和视频，并单独列出相关的事项以采取行动。这时可能会产生相当多的纵向和横向的交流，但它是否能得到有效利用呢？这都是在一个大型组织内部发生的一系列事情。那组织与组织之间如何沟通呢？在与客户、经销商和供应商打交道时，交流仅仅通过许多通信媒体而大量产生。我怎样才能找到对我来说最重要的信息并进行阅读、理解、解释和行动？

社交媒体为大规模的（错误）交流创造了另一个维度。例如，一个家喻户晓的名人去无线商店，最后得到的却是很差的服务。他决定在 Twitter 上发布这家店服务很差的消息，而不是与公司管理层交流这个问题。随着大量的粉丝和竞争对手利用这条消息，尤其是如果他们不能几乎实时地采取行动的话，无线服务供应商会面临这个简单的事件带来的巨大负面影响。

这时候认知体能够提供一些帮助吗？企业内部环境以及各个组织之间大量的交流信息多是非结构化文本。自动化时代剔除了与此类信息相关的分析和行动。然而，认知体能够帮助员工完成许多认知任务。

随着创建一个管理博客，认知体能否正确地使用语气和行动用语？虽然管理人员会在这些博客后署名，但它们往往是由公司员工创建的。这些博客是代表中高层管理人员还是写博客的员工的性格特征呢？博客可以重新编写，从而使管理人员的人格特征和发布的消息相匹配。当博客被用作沟通交流时，认知体可以监控回应，并分析受影响的员工的浏览情况。随着评论的发布，认知体可以组织这些评论，并为这些终日忙碌的管理人员总结这些评论。

在与客户打交道时，认知体可以解释个人的影响力水平，优先考虑需要额外关注的交流，并参与适当的组织，也可能会制定恰当的应对措施。在日常会议、棘手的谈判或小组沟通中，认知体可能是高效的记录者、观察者和信息采集者。这些认知体不会因为感到疲倦而错过任何沟通交流的机会，它们知道如何准确地表达问题，并且可以在一个重构的组织中对已改变的目标灵活地做出回应。

精彩回顾

本章介绍了人际互动以及如何利用认知体来协助这些互动。我们从一个简单的例子开始，四个朋友彼此协作，找出一个大家都有空的时间和合适的地点见面。即使这个简单的例子也说明了从认知体中可以获得大量信息，这些信息可以用来帮助这些朋友找到一个方便的地理位置和满足每个人限制条件的时间。当我们从这个简单的例子深入到更复杂的人类对话，开始讨论、组织和沟通时，认知体可以提供一些支持沟通的活动，如听取对话、识别意图、收集事实和支持数据，挑选备选方案，根据目标和限制条件剔除某些选项，从而缩小选择的范围。

人类具有创造力。他们是杰出的协商者。人类还可以跳出思维定式思考问题。认知体可以通过孜孜不倦地观察、兢兢业业地找到支持的证据为人类总结信息，不分昼夜辛勤工作，几乎是实时地处理突发情况，从而在一个简单的“错过”之前采取行动、避免扩大影响等方式为人类提供完美的合作关系。这种合作关系可以为忙碌的管理人员创造一个更加一致的形象，他们总是能在博客中发布准确无误的消息，快速地回应反馈，并能够将反馈纳入下一个博客中。这种情况下，所有的辛勤工作都来自认知体，这就让工作人员能更专心，并有更多的时间更好地协助管理人员的工作。

无论是呼叫中心代表还是忙于治疗病人的医生，认知体都可以监测和分析员工与客户的每一次对话。它们可以寻找相处模式，尽早发现缺陷，并提供及时的反馈，以便纠正错误。

第 11 章　认知体对未来社会的影响

我在 20 世纪 60 年代的印度长大，我记得离我家几个街区的地方有一个打字员培训学校。当时的我决定学习打字，因为我的一个叔叔管理着这间学校，所以他让我免费学习打字。我叔叔倒是很高兴看到我去学校，但他十分好奇地问我为什么有兴趣学习打字。他说："你擅长学习，很可能会成为一名工程师。大多数人来这里，是因为他们不能获得专业学位，所以需要学习打字才能获得一份文职工作。"在 20 世纪七八十年代，我目睹了一大批男秘书和女秘书竭尽所能地炫耀他们的打字技能和用速记法记录口授内容的能力。他们会在早上赶到工作地点，在老板旁边占用大量的空间，并拿出笔记本和铅笔记录内容。之后，打字机逐渐发展成熟。它们提供了删除含有错别字信件的功能，并将整个页面存储在内存中，从而逐步提高这些办公室工作人员的工作效率。20 世纪 90 年代，随着个人电脑大量地出现在办公室，做秘书的人越来越少。这些人、他们的组织和这些打字培训学校都经历了什么？

随着社会中的技术不断革新和发展成熟，人类能够利用技术来改善自身的生产效率。越来越多的地方开始使用技术，这对社会也产生了严重的影响——我们如何生活、与他人互动、组织和规范我们的行为。自动化时代产生了大量的白领上班族。他们的父母要么是住在工业城市的蓝领工人，要么是住在乡镇的农场工人。这些上班族在大城市市中心的办公室工作，由此增加了早高峰时段通勤人员的数量。许多人选择开车、乘坐出租车或雇用司机上班。为了满足市民的车辆停放要求，在城市规划者的政策制定下，大量昂贵的城市空间正逐渐转化为停车场。

认知体带来了新一波的社会变革，这将极大地改变市场、政府和家庭。随着老年人越来越多地使用认知体，他们可能会越来越少地使用社会服务。随着无人驾驶汽车越来越多地出现在公路上，他们可能会促进更有效的拼车，减少对停车场的需求，并减少汽车的保险业务。随着认知体开始获取个人敏感信息，政府可能会要求访问这些数据来执法（参见本章后面的关于苹果公司的故事）。随着通过工作获取报酬的上班族逐渐失去自动化时代赋予的工作，商业组织和政府可能会找到新的途径，利用这些被取代了的人力资本进行耳目一新的创新活动。这些员工是否会在家里工作？这又将如何改变城市、高速公路的结构和郊区居民的生活方式呢？

乐观主义者将用一系列新的便利条件和增长的工作效率来描绘一个更加智能的世界。但是悲观主义者却会描绘出可怕的场景——贫富差距或技术创业者与日常上班族之间的差距将会越来越大。呼吁保护隐私的人将利用这个机会来制定保护个人的新法律。教育机构则需要改变它们的教学大纲以涉及全新的教育领域。这些影响将令人吃惊，我们对它的思考也才刚刚开始，所以至今还难以提供一幅全面的蓝图。我将在这一章中提出一些重要的问题和预测的变化，这些很可能是250亿非人类认知体的副产品。

20世纪初，电话公司预测，传统的电话运营商和在新建立的电信网络中连接用户的电话运营商之间将产生巨大的无法填补的差距。但是这个差距从来没有真正拉开，因为这些需求被后来的自动化所填补。目前，组织正在预测数据科学技能方面的巨大差距。这些差距是会减慢认知体的部署进程，还是会将认知体重新设计以减少对一些垄断企业的需求？

本章列出了一些重要的问题。哪个组织会转移到认知体上？当组织利用认知体时，它将如何改变组织文化，员工、供应商和客户又将如何重新定义他们与组织的关系？政府将如何修改法律法规来维护公民的利益？他们如何平衡个人的利益与整个集团的更广泛的利益？随着机器逐渐取代上班族，下一个能持续让人类获得就业机会的前景会是什么？机器是围绕人类组织进行组织，还是会有认知体的集中地？因为这些思考都才刚刚开始，所以对其中的每一个领域，我都有很多疑问却还没有思考出答案。全世界的组织、公民和政府都有不胜枚举的问题需要处理。

认知工作的置换

当你需要更改保险的付款方式时，你是会在保险公司网站上搜索答案还是给他们打电话？英国广播公司（BBC）的一篇文章指出，英国的呼叫中心雇用了超过 1 000 000 名员工。虽然我很难查出全球所有呼叫中心员工的总数，但是他们对各自经济的影响能通过马尼拉繁忙的街道看出来，这也是最直观的方式。马尼拉的呼叫中心带来了超过 250 亿美元的收入，占全市 10% 的经济份额。一名菲律宾籍女性乔哈娜·霍卡（Joahnna Horca）在获得社会工作许可证后发现，她擅长的行业没有任何工作能支付足够的报酬好让她负担自己的生活。她在一家美国公司的呼叫中心找了份工作，现在每个月挣 700 美元，比大多数菲律宾医生挣得都多。印度和菲律宾都已成为离岸呼叫中心工作的主要枢纽。客户如何看待这些呼叫中心？许多人都认为它们很烦人。呼叫中心一次又一次地被评为用起来最令人沮丧的东西之一。一项调查结果显示，给呼叫中心打一次电话甚至比去看牙医更有压力。在呼叫中心工作同样令人沮丧。在我针对电信组织的呼叫中心的研究中，这些工作的员工的流失率非常高，往往接近 50%。同时，将一名新员工培训成能正式上岗的呼叫中心代表则需要数周的时间。

认知体为离岸呼叫中心提供了一个天然的机会或威胁，这取决于你如何看待它。在当今世界，网站和应用程序自然而然地为消费者提供与组织机构进行交互的方式，无论是向无线服务供应商支付账单，还是致电社会安全管理委员会更改地址。但是，大量的客户要么选择聊天服务，要么致电呼叫中心，因为自助服务里提供的选项很难使用。即使致电呼叫中心可能需要耐心等待一段时间，或者聊天可能需要大量输入并等待聊天代表回复，组织机构仍然会不断看到与客户的大量“非结构化”对话。然而，为了将这些呼叫中心设置为离岸的组织机构，来电的理由、建议的对话流程以及对组织系统的访问都会有相当完整的记录。

亚洲的制造业企业在成长的初期阶段通过廉价这一特点使制造业蓬勃发展。随着其积累了大量的制造业业务，它们逐渐步入自动化制造，不再通过廉价劳动力，而是通过制造设备和工艺的复杂性，迅速发展其竞争优势。认知体的兴起逐渐取代了离岸呼叫中心，那么如何重塑外包组织和经济都有待观察。尽管制造业的数量增强了亚洲提高制造业专业技术的能力，但外包商通过逐渐提高与认知客户接触的复杂性，来引领客户适应自动化这一趋势，对外包商来说是一个很好的机会。它们可以利用这个机会引入自动化虚拟代理，以便记录完整的流程，从而让它们的人力专心处理“开放式”和“非结构化”的对话。

呼叫中心是处理千禧一代客户问题的正确方式吗？大多数千禧一代客户

宁愿使用应用程序来处理他们的问题，和机器进行认知讨论，也不愿意排队等待问题解决。这种自助服务的选项使客户不得不了解更多与供应商打交道的情况，反过来也使供应商的客户交互成本大大降低。就像 20 世纪初期的电话运营商那样，由于客户不能直接拨打电话，所以运营商需要手动连接每个来电，正当自助式的客户互动流程无法改进到足以应对各种各样问题的时候，呼叫中心在 20 世纪后期正好填补了这一空白。只要自助服务成本降低，能以低价格的形式回馈给消费者，客户就愿意选择认知式自助服务，使得设计这些自助服务系统的程序员人数不断增加，而呼叫中心的操作不断减少。

机器在处理呼叫中心的来电方面有若干优点。它们孜孜不倦，虽然反应稍慢，但它们倾向于记住所有需要存储备份的东西，而且不带有任何偏见。在典型的呼叫中心的工作环境中，它们可以覆盖 30% 到 70% 的来电，具体取决于它们接受了多少培训。人类在处理呼叫中心的来电和聊天方面也有自己的优势。他们具有创造性，可以处理从未遇到的问题，并展开新的对话流程。在最理想的情况下，外包商可以使用它们最优秀的呼叫中心员工处理异常来电以及作为机器的培训人员。通过这种方式，工作效率将得到改善，并将持续为“更聪明”的呼叫中心代表提供就业机会，但是剩下的呼叫中心代表将由机器取代。

美国劳动力市场正在经历一些重要的长期变化。其中包括中等技能职业，如制造和生产职业的发展势头下降。高技能和低技能职业，一方面如经理和需要专业技能的职业，另一方面是协助或照顾他人的职业的发展势头上升。

经济学家们为这个过程创造了“就业两极分化”这个术语。正如在经济学文献中所指出的，最有可能驱动就业两极分化的因素是自动化和离岸外包，因为这两股力量都降低了对中等技能职业的需求（图 11–1）。

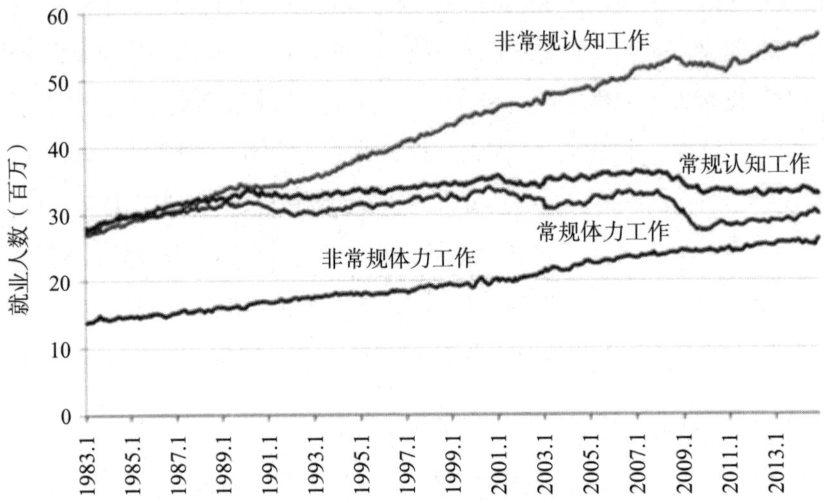

图 11-1 认知就业趋势

由于常规认知工作是自动化的，所以它们将导致其正在取代的劳动力产生更高的失业率。这些失业工人必须重新接受培训，以处理更多的非常规的认知任务，同时社会必须想方设法为这些失业工人提供新的就业机会。在大多数情况下，有许多非常规的认知工作，但是由于每个人都在忙于完成常规认知工作，所以非常规认知工作就被忽略了。

谁是赢家

每个时代都给社会带来一定程度的混沌状态——破坏传统的组织结构，使某些技能过时。汽车取代马匹，使得马厩的所有者经历了业务的大幅减少。个人电脑和智能手机的激增，导致企业中“打字群体”的消亡。在每种情况下，技术进步的总体影响是广泛且积极的，是由市场力量驱动的。那么认知时代会有什么不同吗？

IBM 公司认知解决方案和研究部门的高级副总裁约翰·凯利（John Kelly）博士描述道："在这些时刻，人们很容易陷入'人与机器'的场景中，甚至担心这暗含着'损失'。"事实上，每当人工智能遇到一个领域里最杰出的人时，只有一个真正的赢家——人类本身，这就是世界顶级的计算机科学家参与这些比赛的主要原因——它有助于推动技术上的重大突破，而且还能造福社会。其目标不一定是赢得比赛，而是最终推动商业、社会和个人发展的开创性技术。

最有前途的一些工作是在医疗保健领域，其中认知计算正在识别医生与致命和慢性疾病斗争方面可以使用的见解。纽约、北卡罗来纳州、印度和泰国的癌症中心正在使用这些系统，帮助它们的医生提供针对每位患者的独特需求、以事实数据为基础的个性化的癌症治疗方案。科罗拉多州的医院正在帮助心脏病患者采取并坚持有利于心脏健康的治疗方案，旨在节省未来昂贵的住院花费。加利福尼亚州的一项新研究正在使用技术手段确定是否有可能预测哪些退伍军人可能会长期遭受创伤后应激障碍（PTSD）的折磨，然后定制治疗建议以帮助解决这种破坏性状况。

认知体将显著提高它们所服务的人类和组织的工作效率。尽管自动化时代使组织的工作效率获得极大的提升，但认知时代也会使工作效率持续不断地增长，从而在同等条件下输出更多的劳动力，并使劳动力重新获得训练。这种提高工作效率的一个有趣的方面，是个人和组织将自己的知识应用于新情况的能力。我的安德玛认知助手负责监测我的身体活动，包括体重、食物摄入量和运动情况的变化，并使用大量资源为我提供个性化的建议，从而让我了解如何关注自己的身体活动目标。这也可以帮助我设置比赛和社会团体，让我能和有类似目标的人共享健身活动。提高工作效率的一部分功劳来自测量和分享原始数据的能力。然而，这也会给我带来大量的无用的数据。这其中包括分析数据的能力、比较和建立社会群体，分享专家和教练的建议，在这个过程中，认知体开始以一种新的方式成为我的私人教练，使我的身体活动更有意义。这是一个崭新的角色。

想象一下，汽车以更有序的方式行驶在道路上——在大多数驾驶体验不佳的城市，这是一个难以想象的场景。我可以集中精力阅读电子邮件、与同事交谈或者在共享行程的汽车里转动座椅以面向汽车尾部召开会议，因为我乘坐的是认知汽车，它知道如何实现自主驾驶。在道路上行驶也可能会快得多，因为受管制的交通状况使汽车能平稳移动，最终也可能会将汽车堆放在一起共同驾驶。你可能会为滴滴司机的失业或老年人护工的减少而感到遗憾。反过来，你也可以认为他们是一个缺乏认知体的历史社会留下的遗迹，节省了生产力以集中关注非常规的认知活动。

监管与消费者隐私

智能手机已经成为它们所服务的消费者身体的延伸。智能手机制造商如何将这些手机设计得能够保护消费者隐私，同时还能帮助政府跟踪罪犯？苹果公司曾面临过这样的困境，当时它们在对圣贝纳迪诺的恐怖分子的手机进行调查分析。2015 年 12 月 2 日，赛耶德·瑞斯万·法鲁克（Syed Rizwan Farook）和塔什芬·马莉克（Tashfeen Mrlik）夫妇在圣贝纳迪诺内陆地区中心举办的一个节日派对上开枪，造成了 14 人死亡、22 人受伤。这对夫妇在与警察的枪战中丧生，随后调查人员发现了一部 iPhone 5C，这是法鲁克作为县级卫生检查员而获得的。虽然联邦调查局特工已经了解了许多关于法鲁克及其妻子的信息，但是它们仍然想要访问这部手机，并希望能从中找出一些悬而未决的问题的答案，比如凶手是否有帮凶。考虑到法鲁克可能在手机上设置了一项安全防护措施——在第 10 次输入 4 位数的安全密码失败后，这部手机将无法使用，代理商向苹果公司寻求协助以访问该设备。在输入正确的密码之前，苹果的加密软件会维持手机里的内容不变。双方都就这个观点达成一致：政府一再强调，只有苹果的工程师才能突破自己构建的安全屏障。苹果公司同意了，但是表示，被迫创建的解决方法相当于建立一个万能钥匙，如果它被黑客窃取，将危及所有客户的隐私。由于美国联邦调查局（FBI）在特定版本的 iPhone 中发现了一个漏洞——允许黑客访问这些数据，因此这个问题没有产生太大的争议就得到了妥善的解决。然而，接下来面临着更大的困境。如果智能手机携带主密钥，万一主密钥落入他人之手，会发生什么情况？

制造商必须创造产品保护消费者的利益，尤其是他们的隐私。但是，如果这些消费者是罪犯，司法部门要求访问他们的设备呢？主密钥是向某人提供访问消费者设备权限的完美解决方案。智能手机充当了消费者的大脑的认知延伸。它们可以提供对消费者运动、沟通模式、浏览行为和情绪的深入了解。如此丰富的数据将使追踪犯罪组织变得十分容易。然而，为了保障社会安全而创建的万能钥匙也可以被犯罪分子利用，窃取数百万电话中的私人数据用于非法交易。显然，这些产品必须保护数百万消费者免受万恶的罪犯的侵害，同时也应该支持政府控制犯罪分子滥用电子设备进行犯罪活动。由于联邦调查局找到了一种替代方案来访问那部手机，所以避免了特定的争议，但是这件事情引发了一场十分重要的关于政策的辩论。

无人驾驶汽车将会给政策、制造商和监管机构如何在这个全新的认知世界中维护好社会秩序带来终极考验。据推测，无人驾驶汽车的使用权将掌握在汽车租赁公司手中，该公司在双方达成某种形式的协议之后将汽车租给个人使用。目前的汽车制造商有追踪和保护汽车的机制，并能使其在未经授权的情况下无法使用。汽车租赁公司可以保证汽车在未经授权的情况下使用，并可以远程控制汽车的运行。如果有需要，交通管理部门可以观察汽车并采取控制措施。因此，租车的人可以使用汽车，但必须由租赁公司、制造商或者交通管理部门来接管这个使用权。不仅如此，还必须安全地采取接管措施以保护车内乘客的安全。这个接管措施可能会以主密钥的形式呈现。和苹果公司所面临的困境一样，汽车主钥匙可能会被意图劫持汽车的人滥用。政策必须规定认知体的所有权和控制权如何从一个人转移到另一个人，以及在什么条件下它们可以被接管。

改变机器和人类在家庭和组织中的角色

随着人类开始接触250亿认知体，它们将彻底改变组织、家庭和社会。它们也将从根本上改变护理人员、母亲、医生、工程师和其他的传统角色。这个社会将如何运转以及将面对的最典型的问题是什么？这是我最感兴趣的研究课题，我尝试着在科幻小说、电影和电视连续剧里寻找线索，以便能瞥见未来。虽然大多数小说和电影对于机器人掌控这个社会一事过于具有未来感并带有一些偏执的色彩，但是我确实发现了一些有趣的地方。

有魅力的高效率的机器人可以减少人们日常生活中的琐碎工作，当机器人威胁到《真实的人类》（*Humans*）中的人类时，问题就随之浮现。《真实的人类》是一部探索对技术的迷恋和恐惧的全新科幻连续剧，它并不是第一部以人工智能和机器人掌控人类为主题的电视剧或电影。饰演科学家乔治·米利肯（George Millican）博士的演员威廉·赫特（William Hurt）指出，观众可以将这部剧和未来相关联，因为它对未来的描述并不是反乌托邦。《真实的人类》改编自瑞典的电视连续剧，背景设立在伦敦的平行时空里，一个高度发达的人工智能仆人“合成器”为家庭和商业领域进行服务。4个交织的情节描绘了最新技术对人们的影响，通过一个郊区家庭不断适应有机器人的生活、侦探们对合成犯罪的调查以及一个科学家试图追踪可以感受到情感变化的已经叛变的机器人。“这个电视剧呈现出的是将未来搬到我们的客厅，并以一种直接又自然的方式提出问题，去了解我们的内心反应会是什么，这是对这一系列问题进行想象的最好的方式。”赫特如是说。其中一个子情节展示了机器人协助一名需要帮助完成日常家务的老年人，如准备餐食和按时服药。在电视剧中，老人与一个冷漠的机器人苦苦抗争，它试图威胁老人，任何不当的行为都将报告给他的主治医生。在另一个子情节中，一位母亲质疑她在家庭中的角色以及和女儿之间的情感纽带，因为机器人能够与她的孩子建立一种超越母女的情感关系。

我和我的妻子在 20 世纪 60 年代的印度长大，那时候有整齐划一的家庭帮佣处理老年人的不当引导，和母亲们瓜分孩子们的爱。我们可以联想到电视剧中那位母亲感受到的竞争压力。和认知体打交道可能会更困难，因为在担任角色的机器人是完美的。之前描述的恐龙机器人今年已经进入了孩子们的日常生活，而且开始为祖父母分担给孩子们讲故事的任务。一个人如何与一个脑子里有着无穷无尽的故事和笑话的机器人竞争，并随时满足小孩永无止境的好奇心？随着认知体开始承担这些角色以扩展人类的认知活动，就像现在人类已经习惯了用洗衣机洗衣服一样，我们很有可能产生情感联系，从而变得依赖它们。它改变了家庭关系，也使它变得更安全、更容易管理。有了无人驾驶汽车，孩子们可能不再需要父母开车送他们上学（见图 11–2），父母不需要完成这个任务，也就有了更多的时间与孩子进行交流。因为孤独而易患上抑郁症的老年人可以一直有人陪伴，这个同伴可以不断变换角色，营造充满活力的环境，同样还能在需要紧急医疗的情况下保护老年人。它可能不会长时间替代保姆的角色，但绝对可以使保姆更加轻松从容地照顾两个孩子。

图 11-2　父母的角色与无人驾驶汽车

（苏尼尔·阿格瓦尔 & 阿吉·尼楠绘）

我年迈的父亲十分好奇我的工作。于是，我向他展示了我们如何发现他是否上了厕所并且在上完厕所之后没有洗手这件事情。他对这种侵入式技术感到十分厌恶，因为这项技术可以追踪到他的每一个不当的行为，并将其报告给某人。如果机器人社会是无情且冷漠的，就像电视连续剧中的机器人那样，这将是一个失败的举措。为了让人们接受，认知体必须代表价值体系、有同理心以及尊重个人的决定。

组织设计、政策管理和变革管理

人类组织最初是分层次的，但是引入了许多分散的组织链，比如分散的自治区和矩阵管理，以反映对分布式权威的需求。目前大多数成功的组织都是专制等级。正式和非正式的食物链引导个人的关注点和方向。商业或项目决策决定了员工的日常关系。组织目标、优先处理事项和决策主要由这些组织形式驱动，而层级结构通常是在整个地理、功能或市场驱动的范围内，为整体法律实体或其自然分类实现汇总绩效的机制。

由于认知体是人类的决策和认知延伸的执行者，因此它们必须反映出它们所呈现的组织的结构，继而反映出权力和掌控力的潜在流动。管理日程安排的行政助理基于其用户做出决定，从而给创收客户和关键项目成员安排更高的优先级。这种组织的复杂性可以由用户明确地呈现出来，也可以由认知助手从它们的工作关系中推断出来。就像人类助手那样，认知助手可以通过阅读电子邮件、监控对话或与其他认知代理分享“组织八卦”，来掌握组织中发生的变化。

成功的组织往往为其员工提供相当大的灵活性，并将组织政策作为维护组织文化和方向的机制。商业道德、已成文的组织文化、雇佣程序的控制系统和员工绩效管理等机制都被这些组织用于提供管理结构。这些控制系统通常采用一系列政策来实施，这些政策是通过使用组织备忘录、视频、博客进行沟通和记录的一组政策，并通过记录下的汇总报告进行传达。驾驶大型船舶是十分困难的，因为它需要在多个组织层面上持续不断地进行沟通，而且这些组织还被地理和政治边界分隔开。在这样的背景下，认知体在组织政策的获取和管理方面可以做得更好。一组认知代理可以提供一个高效的电子化分配、跟踪和报告政策和相关绩效的系统。这更适用于联邦各州和地方政府、社会、利益群体、大学等。政策管理要求超越组织界限对组织目标进行不断的理解。认知体善于有效地扩展人类的组织。它们也可能提供整治和管理异常行为的手段。如果交通管理部门决定暂时降低机动车的行驶速度以保护施工工人，那么无人驾驶汽车在这方面将会做得更好，即不断改变其驾驶方式，遵守限速规定。它们将减少交警监视和控制异常行为的需要。

那么市长、首席运营官或大学校长如何评估他们的组织是否正常地运作呢，或是上个月所做的改变是否让组织获得改善了呢？认知体能够更丰富地观察，并用于影响分析、实验设计和组织优化。可以在组织中的某些部门中进行更改，并根据其有效性将其扩展到其他部门。组织审计可以很容易地提供一个关于如何在整个组织实施改变，以及哪里是最有效的改变的更深入的分析。

新技能和短缺领域

一个组织收集来自所有物联网的事件数据，使用一套机器学习的算法与外部数据进行整合，其结果是产生对客户、产品和人际互动的充分理解。这听起来非常神奇！幸运的是，这种魔法有一种人性化的特质，使得所有这些数据都是有意义的。它被称为“数据科学家”。随着社交媒体和大数据公司的首次公开募股，媒体报道使人们开始注意到数据科学家工作的重要性以及这个工种的严重短缺。数据科学家从一个躲在小黑屋里不受关注的书呆子成长为一名商业策划师，这是一个量化的天才，他可以将数据作为午餐和晚餐来消化，并且使其产生意义。随着认知业务逐渐成形，对数据科学家的需求也在不断增长。毕竟，数据海啸创造了更大量的数据。在我之前关于数据工程师和数据科学家这种职业的讨论里，我接到了我朋友中许多专业人员的电话，上进的数据科学家想要就如何提升专业技能以成为更优秀的数据科学家寻求建议。这会不会是一种像 20 世纪 60 年代的打字员那样急速发展的新技能之一，并且给了被认知体所取代的那批人一次新的职业发展的机会？

认知体正在为组织提供更多实地观察的结果。它们还需要改进后的人与机器交互、更多的机器人以及认知工程中更具有人性化的面孔。这很可能会推动对数据工程师、数据科学家、认知工程师、人机交互界面设计师、机器人工程师和生物工程师的需求。这些作为白领技能，需要统计学、计算机科学、生物学、机械工程学和认知科学方面的基本技能。许多大公司针对这些岗位正在积极进行招聘，同时也为教育工作者提供了新的校园热潮。和之前几轮技术发展一样，新技术的引入造成了新技能的短缺和后续需求，这些技能会变得越来越普及。

公民数据科学家运动就是朝着这个方向发展的，利用这种方式，组织中不同部门的员工可以通过分析工具和技能从数据中获取他们需要的答案。该运动旨在让商业人士能够自主解答他们 80% 的数据问题。各种各样的公司已经感觉到目前训练有素的数据科学家正严重短缺。一些幸运的公司才能找到一位这样的专业数据科学家，但是，数据准备等“管理”任务仍然占用了他们过多的时间。让商业人士能够自己完成大量的分析工作，训练有素的数据科学家能够把精力集中在那些需要运用他们专业技能的事情上。之所以能让这个目标实现，部分原因就在于目前市场上能看到越来越多的功能强大的自助服务工具，几乎可以为任何人提供人工智能等功能性服务。公民数据科学家在很多方面代表了传统商业分析师角色的转变。

精彩回顾

我们在本章开头回顾了 20 世纪 60 年代每个组织中的打字员群体。有趣的是，我 11 岁的侄女可以和一些最好的打字员打字速度一样快，前提是她使用非常成熟的打字设备，这个设备远远好于每打 10 个字就会卡住的机械打字机。现在大多数孩子都会利用自己的智能手机或平板电脑更好地表达自己（见图 11–3）。然而，由于打字已经成为每个人都已经掌握的基本技能，没有人需要使用速记方法，所以打字这种白领技巧不再具有任何附加的价值。目前也不再需要单独的打字学校，虽然许多中学有文字处理和与个人电脑有关的技能发展课程。

图 11-3　交际技能和下一代

（苏尼尔·阿格瓦尔 & 阿吉·尼楠绘）

今天的许多认知技能都朝着同一个方向发展。自动化、自助服务与认知体相结合，未来的组织将继续提高员工的工作效率，从而减少特定任务所需的员工数量。

本章介绍了许多新兴的社会经济话题，对认知体本身的发展来说，这些话题和这项技术同样重要。在个人、企业和政府层面，适当的过程、组织和政策设计对认知体的持续发展起着至关重要的作用。

致谢

1983年春天，马克·福克斯在卡内基·梅隆大学商学院毕业典礼上发表了演讲，那是我第一次真正接触到人工智能。马克的这次演讲启发我开始想象未来的认知商业结构，同时将它与制造领域的商业问题联系起来。当时我正在寻找自己的博士研究课题，最终我鼓起勇气走向了他位于卡内基·梅隆大学机器人研究所的办公室，并请求他为我提供一个研究职位。那时他是智能系统实验室的主任，负责一系列研究课题来探索一种名为框架表示语言（SRL）的知识表示语言。机器人研究所和计算机科学系为我提供了大量接触物联网中认知体的机会——包括视觉、移动机器人、语音分析和工厂自动化。

在接下来的三年里，我有幸能与卡内基·梅隆大学该领域的大师们见面并向他们学习，这些人包括赫伯特·西蒙、雷伊·雷蒂（Raj Reddy）、马克·福克斯、杰米·卡博奈尔（Jaime Carbonel）以及许许多多其他的专家。马克还向我介绍了分布式人工智能，并启发了我，帮助我更好地理解了认知体的概念。那时我正在研究在与其他系统接口最少的情况下，如何在Unix系统上运行Franz Lisp程序。我和里克·雷斯特（Rick Rashid，于1991年成立了微软研究院)、阿尔弗雷德·斯派克特(Alfred Specter,为Transarc构建了分布式引擎,之后在IBM公司和谷歌公司工作)讨论了分布式处理技术,这深刻影响了我对这个行业的认识。许多关于分布式人工智能的研讨会帮助我提炼了这本书呈现出来的关键概念,也让我能和维克多·莱斯(Victor Lesser)、瑞德·史密斯(Reid Smith)以及汤姆·马龙(Tom Malone)等学者进行十分有价值的信息交流。

1984年,马克·福克斯让我在美国数字设备公司教授一门关于框架表示语言的课程,由此我和卡内基集团便产生了联系,这是一个由数字设备公司、谷瑞(GSI)、得州仪器、福特汽车、波音和美国西部等公司提供主权资本,专注于人工智能的创业公司,这让我有机会与来自这些股权合作伙伴的人工智能团队合作,并与一些敢于将这些技术应用在工业中的人工智能科学家合作——加里·卡恩(Gary Kahn)曾在研发的早期阶段担任该领域的服务顾问,从事语言翻译工作的菲儿·海耶斯(Phil Hayes,现在在IBM沃森团队工作)以及向我介绍逻辑编程语言(Prolog)的维贾伊·萨拉斯瓦特(Vijay Saraswat,现在在IBM研究所工作)。1978年,《商业周刊》宣布人工智能即将面临寒冬,但卡内基集团不断建立人工智能的商业应用程序,并最终于1995年进行了首次公开募股。这是学习如何使人工智能商业化的宝贵经验,尽管这个举措十分超前。

目睹当前认知计算的热潮就像看着睡美人(在20世纪80年代被人工智能的寒冬这个诅咒冻结)终于醒来。我非常感谢IBM公司的高层领导为实现人工智能迈出了大胆的一步,并为最终的成功实施提供了急需关注的重点。我要感谢拉夫什·拉拉(Ravesh Lala)让我加入他的团队,在这个团队的工作让我重获青春。我和斯瓦米·钱德拉塞卡兰(Swami Chandrasekaran)自2001年以来一直合作,但从来没有过这么有趣的产品和想法。许多想法代表了我们一起完成的工作,我要感谢拉夫什和斯瓦米无数次绞尽脑汁找想法。IBM 公司的认知价值评估团队带来了最好的商业和技术人才，并为本书中介绍的用例做了贡献。我想感谢格雷迪·布奇（Grady Booch）的介绍，这帮助我塑造了这个定义。IBM 公司的许多同事都在我写这本书的时候为我提供了很多帮助。许多 IBM 公司客户、教育者和商业伙伴帮助我塑造了一些想法。我要感谢 IBM 公司高层领导为本书提供的所有公开可访问的媒体资源。

在我之前写的两本书中，我寻求了第三方艺术家的帮助，让他们根据我的想法画一些漫画。虽然书里的漫画不是最好的，但是利用漫画这种形式来表达一些想法，这个主意十分具有吸引力。幸运的是，我遇到了苏尼尔·阿格瓦尔，他一直为《印度时报》创作漫画。我开始订阅他的电子邮件，随后发现他的漫画与技术主题联系密切。他十分慷慨地同意在这本书中分享他的一些漫画作品，因此读者才会在这本书里看到一些他的漫画作品。

Cognitive (Internet of) Things：Collaboration to Optimize Action.

ISBN: 978-1-137-59465-5